跨区域绿色治理府际合作中国家权力纵向嵌入机制研究

张雪◎著

经济日报出版社

摘　要

　　新中国成立以来，特别是改革开放以来，我国主动融入了全球化发展的大体系之中，工业化进程快速推进，工业化奇迹不断缔造，成为新一轮的"世界工厂"。工业化进程犹如一把双刃剑，造成了严重的生态环境问题，危机态势日益严重。其中，跨区域生态环境问题日益突出，已然成为社会主义生态文明建设的一大阻碍因素。主要体现在跨区域环境污染问题频繁发生、跨区域环境隐患问题不容忽视、跨区域生态退化问题依然严峻、跨区域绿色贫困问题亟待解决等方面。本课题的研究具有重要的现实和理论意义：对于落实绿色发展、生态文明等战略决策具有重要意义；对于国家治理体系和治理能力现代化起重要推动作用；对于构建区域共同体具有重要促进意义；对于区域公共管理理论具有补充和发展意义。

　　马克思主义政府职能和权力配置思想、西方学界政府管理智慧可以为跨区域绿色治理府际合作中国家权力纵向嵌入机制议题的研究提供扎实的理论基础。马克思主义关于政府职能理论阐述了市场失灵问题，分析了社会公共需求及政府应当履行的两类职能以及可能发生的政府失灵现象。对此，一方面，该理论事实上指出了跨区域绿色治理作为社会公共需求，隶属于政府职能范畴，其治理绩效也将直接关系到执政合法性等根本问题；另一方面该理论也从侧面呈现了解决跨区域绿色治理问题可依赖的三个主体——市场、政府、社会，并分析了各类主体的权限、利弊得失，可以为当前跨区域绿色治理多元主体及其之间协同的达成提供治理的思路。西方公共行政组织管理模式理论向我们呈现了西方政府管理改革的历程，由以部门为中心的公共组织模式向代理机构模式转变，后者成为各国治理的主流并取得很大成效。可见与马克思主义政府职能理论的产生国情有重合的部分，理论观点也可以相互借鉴，为当前跨区域绿色治理中政府职能界定和调试提供理论指导。马克思主义关于中央与地方权限划分的理论介绍了中央集权制形成的背景、历史地位、评价与地方自治的重要性，协同发展学说则论述了子系统的自组织原理和过程，这两部分理论一个是历史唯物主义方法论总结和探讨的结果，另一个则充斥着自然科学和哲学的范式，一个更倾向于实证和理论思辨的交织，一个更倾向于理论的推演，一个是自上而下式的权力介入实践和研究向度，另一个则恰好相反。探讨两者之间的相互印证、相互借鉴，可以为跨区域绿色治理府际间合作模式的评价、选择、改进提供指导性原则。马克思主义关于廉价政府的理论给社会主义性质政府提出了一个刚性要求，即尽可能地减少用于行政管理活动的成本，同时尽可能保证公共管理绩效的稳定甚至提高，这也成为当前我国政府管理体系应当着力努力的方向。然而由于研究偏重点以及时代、自身经历局限性等原因，马克思主义关于廉价政府理论更多的是宏观的、原则性的探讨，对于政府成本到底有哪些，怎样降低成本等问题并未做细致深入的研究。而西方的交易成本理论则恰好可以弥补这一不足，交易成本理论细分了交易成本的类型、产生原因等，从微观上可以对跨区域绿色治理府际合作中国家权力纵向嵌入的时机、程度产生具体的指导意义。具体到本研究议题，可以归纳出跨区域绿色治理府际合作交易费用的影响因素，主要包括：跨区域绿色治理合作性质、跨区域绿色治理合作风险、不同区域间差异化程度、治理权力分配的分散程度、跨区域绿色治理合作软力量等五个方面。马克思主义关于政府管理原则、方式与方法的理论阐述了政府管理效率的衡量标准以及具体方法，与西方公共行政组织管理方法相得益彰。在本课题研究过程中，坚持以历史唯物主义和辩证唯物主义方法论为指导，做到马克思主义相关理论的中国化、时代化，正确看待其历史局限性。对于西方智慧则要分清其两重属性，结合中国国情补益指导思想，更好地指导实践。在实践发展过程中，也要注重理论联系实际，实事求是，在实践中检验和发展理论，助推中国特色哲学社会科学体系的构建。

基于马克思主义政府职能和权力配置思想以及西方社会科学管理智慧，在此提出嵌入机制分析框架，即"嵌入前提—嵌入行为—嵌入保障—嵌入结果"分析框架，从这四个方面来探讨跨区域绿色治理府际合作中国家权力纵向嵌入机制，即"嵌入前提—嵌入行为—嵌入保障—嵌入结果"。嵌入前提解决的是科学划分与配置政府行政权力问题；嵌入行为解决纵向权力嵌入的时机、程度、方式问题；嵌入保障则致力于为纵向权力嵌入提供一个良好的外部条件；嵌入结果则是前三者综合作用所导致的，符合科学合理的考核标准的嵌入结果是嵌入机制的目标追求。嵌入前提、嵌入行为、嵌入保障、嵌入结果四者之间相互依赖、密切联系，共同推进区域环境利益共同体的生成。关于跨区域绿色治理府际合作的动因，主要有：跨区域合作全方位升级的客观需要；跨区域绿色公共产品供给的现实衡量；行政管理改革的内在要求。对环渤海地区、长三角地区、泛珠三角地区等典型地区案例的梳理可知，我国的跨区域绿色治理府际合作实践始于 21 世纪初，经过十余年的不断发展探索，取得一定的成效，主要体现在府际合作理念的树立、府际合作内容的扩展、府际合作机构的建立、府际合作机制的深化以及府际合作技术的协同等几个方面。当前我国跨区域绿色治理府际合作并未达到预期理想的效果，其原因是多方面造成的。鉴于国家权力在跨区域绿色治理当中的地位，其自身的问题是治理绩效不理想的重要原因，需要认真审视。

其一，从嵌入前提角度看，中央与地方政府间绿色治理职责权限现状表现为中央与地方政府职能定位为"中央决策、地方执行"模式；中央政府的绝对权威与地方政府的自由裁量权并存；中央与地方各级政府形成"职责同构"局面。在中央、地方政府这种关系模式框架下，当前中央与地方政府间绿色治理职责权限存在的问题主要有：中央政府权大责小，严重不对等；地方政府权小责大，无法形成有效的治理联盟。地方政府间绿色治理职责权限问题主要有：现有法律体系中并没有关于重点区域绿色治理整体责任的规定，治理的责任主体仍然是各个地方政府，区域绿色治理绩效考核机制也尚未建立，府际责任分担机制未能真正建立。对于政府部门间绿色治理职责权限，目前主要的问题有：绿色治理职能呈现分散、交叉状况；部门职能与政府整体职能产生一定程度的冲突。跨区域绿色治理是一项系统工程，涉及多个主体与多个环节，亟须共建共享，其治理模式在生态文明建设蓝图转向现实过程中发挥关键与保障作用。关于政府、市场与社会间绿色治理职责权限，目前政府职权过大，侵蚀政府、市场与社会的边界；社会组织权力配置处于弱势；企业绿色治理职责是一种"软约束"。

其二，从嵌入行为角度看，一方面，在嵌入时机与程度问题上，嵌入时机程度与国家宏观战略协调度有待提高；嵌入时机偏重事后，事前事中嵌入较少；嵌入程度不合理，过度嵌入与嵌入不足并存；中央政府嵌入程度具有变动性，缺乏稳定性。另一方面，嵌入方式问题上，跨区域绿色治理府际关系的调节常依靠区域内政府的横向协调，无法妥善解决多层级复杂跨区域合作问题；纵向调节缺乏稳定性，导致跨区域合作府际关系恶劣；重正式嵌入手段而忽略非正式制度调节，造成民间团体、社会组织等非政府机构资源的浪费。

其三，从嵌入保障角度看，嵌入是个复杂的系统工程，纵向嵌入离不开府际关系总体视域。嵌入保障存在的问题，事实上构成了跨区域绿色治理问题的诱因。

第一，法律依据方面的问题主要有：与跨区域绿色治理直接相关的法律不健全；政策稳定性过强，存在制度化倾向；守法成本大于违法成本，增加了府际合作成本；环境执法缺乏力度。第二，组织结构方面的问题主要有：行政区主管环境模式造成环境协同治理的隔阂；过长的行政层级链也导致中央政府在政策的发布到地方政府的实际执行过程中面临一些挑战；区域绿色治理协同机构乏力。第三，能力匹配方面的问题主要有：事权财权不匹配。首先，财权分配不合理，中央政府对地方政府的财政行为嵌入不够。其次，事权界定不清晰，"缺位"与"越位"并存，导致中央政府嵌入断线，环保系统人事权配备不足、物资条件不理想。一方面，环保系统人事配备不足。另一方面，环境物资装备不理想。第四，动力整合方面的问题主要有：地方利益缺乏表达机制；利益冲突导致政府协同不畅问题突出。第五，激励约束方面的问题主要有：绩效考核的障碍，虽然地方政府政绩考核体系向绿色GDP、注重公众社会福利等方面转变，然而在实践操作过程中并未发生实质性的变革，遇到了很多阻碍；中央对地方政府绿色治理的监督机制缺乏；还有责任承担主体的问题。第六，信息支撑方面的问题主要有：环境监测仪器和监测技术手段运用未能完全统一；信息公开与共享机制尚未健全；信息寻租和信息封锁行为的问题。

根据跨区域绿色治理中国家权力嵌入的问题，提出解决方案如下：

其一，嵌入前提：科学划分职责权限。针对跨区域绿色治理府际合作中国家权力嵌入前提存在的问题，要提出相应的解决方案，力求做到多方利益诉求与治理科学性相结合，科学划分与配置政府行政权力。主要包括：首先，关于中央政府与地方政府绿色治理职责的划分，主流的思路是遵循"影响范围原则"，各自负责权限范围内的事务，充分发挥中央和地方两个积极性的原则。原则上，凡属于"全国性""全社会"的环境问题，归中央政府职责；属于"区域内"的环境问题，归地方政府职责。对于"跨流域""跨行政区"

的事务，由于行政区逻辑与生态功能区逻辑的不相一致，上级政府的介入显得尤为必要。其次，地方政府间绿色治理职责权限划分，应包括两个方面内容：第一，明确区域性生态环境污染防治目标责任，明确其治理责任应当由全部的利益相关主体共同承担；第二，根据各主体认可的规则及实际参与状况，科学划分各主体的责任。在地方政府间绿色治理责任分担内容界定清楚后，需要通过一系列操作机制予以落实，这一机制包含"责任共担机制、任务界分机制、成本分担机制"。再次，关于政府部门间绿色治理职责，需分析政府各部门设置的理论依据。针对我国政府部门间绿色治理职责方面的羁绊，要强化环境保护部门职能，逐步推进环境体制改革。最后，政府、企业、社会公众三元主体在绿色治理中均发挥着重要作用，相辅相成。政府绿色治理职责界定应遵循环境公共物品效用最大化原则；企业绿色治理职责界定应遵循污染者付费原则、投资者受益原则；社会公众绿色治理职责界定应遵循污染者付费原则、使用者付费原则。

其二，嵌入行为：有效甄选时机、程度与方式。针对跨区域绿色治理府际合作中国家权力嵌入行为存在的问题，提出相应的解决方案。在确定国家权力纵向嵌入的时机与程度时，应遵循交易成本最小化原则：当跨区域绿色治理合作风险处于较低水平时候，应当充分发挥横向政府间协调机制；当跨区域绿色治理合作风险处于较高水平的时候，应该根据跨区域绿色治理合作类型有区分地决定国家权力纵向嵌入的时机、程度和方式；当区域之间存在较大差异度的时候，应当尽量采用纵向府际关系协调方式；生态环境资源的所有权情况以及生态环境问题治理权力集中度状况也促使纵向府际关系的嵌入。在我国政治模式下，跨区域绿色治理府际合作中国家权力嵌入方式主要有宏观战略规划方式、项目评估审核方式、法律法规规章方式、制度介入刺激方式、联席会议方式、政治动员方式、干部任命制度、非正式制度方式等。从性质上来讲，诸多具体的嵌入方式可以总结归纳为命令控制型工具、经济激励型工具、公众参与型工具；从作用向度上来看，可以分为结构型工具组合和信息共享型工具组合；从作用结果来看，曹东等学者将政策工具作用效果衡量标准总结为环境有效性、经济有效性、公平性、管理成本、可接受性。在进行政策工具组合时候，应当考虑以下原则：一方面，遵循绿色发展理念，兼顾经济发展和环境保护双重目标。另一方面，兼顾效率与公平，充分考虑时机，追求政策工具互补性，力求实现 1+1 ＞ 2 的效果。

其三，嵌入保障：完善治理系统工程。嵌入是个系统工程，纵向嵌入的有效运行离不开完善的治理系统工程。针对跨区域绿色治理府际合作中国家权力嵌入保障存在的问题，本章提出有针对性的解决方案。第一，健全跨区域绿色治理法律保障体系，主要措施包括完善跨区域生态环境立法，增强法律可操作性；提高环境违法成本，严肃跨区域环境执法。第二，建立多层次跨区域绿色治理组织结构。主要措施包括：进一步提升中央政府、国家环保主管部门的地位和权威；完善跨区域绿色治理行政协调的组织体制。第三，推进跨区域绿色治理能力匹配与平衡化。主要措施包括：明确央地事权划分，确保事权与财权相匹配；培养专业环境人才，配备充足环境物资。第四，畅通跨区域绿色治理利益表达与协调机制。主要措施包括：培育府际协作文化，增强各方合作意识；构建地方利益表达与共享机制；构建利益平衡与补偿机制。第五，优化跨区域绿色治理多元主体参与机制。主要措施包括：积极培育非政府组织；激发企业参与活力；鼓励社会公众积极参与。第六，强化跨区域绿色治理激励约束机制。主要措施包括：完善行政绩效评估体系；建全生态环境问责制度；构建政府合作监督体系。第七，搭建跨区域绿色治理信息共享平台。主要措施包括：充分利用环境监测与治理技术；打造政府间绿色治理沟通交流平台；健全环境信息共享机制。法律保障、组织结构、能力匹配、动力整合、多主体参与、激励约束、信息保障等多管齐下，为跨区域绿色治理府际合作中国家权力嵌入提供良好的保障条件。

其四，区域绿色治理府际合作中国家权力纵向嵌入机制差异化策略。在我国现行政府体制环境下，首先要界定清楚跨区域绿色治理的具体类型，在此基础上制定有区别的介入方式，选择恰当的时机、程度与方式，协调上级权力意志与下级政府自主性，这样才能发挥出府际协调的最大化效果。根据建设主体、受益范围以及增益情况等标准，可以将跨区域环境治理合作归纳为共建共享型、单建单享型、单建共享型、共治共享型四种类型。首先，共建共享型区域环境治理合作类型主要解决绿色贫困问题。此类合作中，区域内的各地方政府之间往往具有较大的共同利益，合作动力较强、主动性、自发性较强，以此推动治理要素的流动而进行合作，总体上风险值较低，可以通过行政协议、联合投资等横向府际关系协调为主进行合作。其次，单建单享型区域合作面临着利益沟通与协调、监督执行等风险，此时纵向府际关系应通过项目评估、项目监督等方式调动地方政府横向协调的主动性和积极性。

　　再次，单建共享型区域合作涉及主体众多，为"一对多模式"，利益协调风险极大，很容易产生机会主义问题，适宜采用纵向嵌入式治理机制，使环境的外部性问题得以内部化。最后，共治共享型区域合作。此类区域绿色治理合作主要针对的是环境污染、环境隐患、生态退化等问题。这种类型合作中，涉及主体较多，每个主体都可能是绿色问题的制造者、治理者、受益者等多重角色于一身。它们之间存在利益冲突，机会主义行为也会频频出现，总体上合作风险是很大的。因此，仅仅通过地方政府间横向府际协同是难以奏效的，此时应当主要依赖国家权力的纵向嵌入这一成本相对低、效果相对好的方式介入，涉及的具体政策工具也包括宏观战略规划、法律法规规章、组织设置等。综上而言，只有科学确定好国家权力纵向嵌入的时机、程度与方式，方能实现横纵两种协调机制的有机结合、提高治理绩效、共同打造绿色共同体。

　　关键词：跨区域；绿色治理；府际合作；国家权力纵向嵌入

目　录
CONTENTS

第一章　导　论

第一节　问题的提出与选题意义

一、问题的提出

新中国成立以来，特别是改革开放以来，我国主动融入了全球化发展的大体系之中，工业化进程快速推进，工业化奇迹不断缔造，成为新一轮的"世界工厂"。从国内生产总值上看，实现了从 1978 年 3645.20 亿元到 2016 年 74.4 万亿元的巨大飞跃，其间 2010 年超过日本，成为世界第二大经济体。中国公众的生活也实现了或正实现温饱、总体小康、全面小康的跨越。毫无疑问，作为拥有 14 亿人口的超大型国家，中国经济的飞速发展是世界经济发展史上浓墨重彩的一笔，它所带来的社会进步意义难以估量，再怎么评估也是不为过的。然而，也需要看到，在管理体系、技术能力等条件不健全的情况下，工业化进程犹如一把双刃剑，造成了严重的生态环境问题，危机态势日益严重。这些生态危机影响了经济发展的可持续性、加重区域性贫困、影响公众身体健康状况及社会稳定，也加剧了国际舆论压力，对国家形象造成一定程度上的损害。实践表明，我国过去未能完全摆脱"先污染、后治理"的发展轨迹，经济的快速发展造成了人与自然界之间严重紧张的关系。诚如伟大导师恩格斯所言，"不要过分陶醉于对自然界的胜利。对于每一次这样的胜利，自然界都报复了我们"[①]，我国发展过程中生产实践活动、生活实践活动亟须改进。其中，跨区域生态环境问题日益突出，已然成为社会主义生态文明建设的一大阻碍因素。主要体现在以下几个方面。

（一）跨区域环境污染问题频繁发生

跨区域环境污染问题是随着工业化的大力推进、在环境污染本身具有明显的外部性特征的条件下出现的现象。近些年来，跨区域环境污染最为典型的就是流域水污染和大气污染。

---

① 马克思恩格斯选集：第 4 卷 [M]．北京：人民出版社，1995：383.

流域水污染问题。流域是一类特殊的自然区域，其以河流为纽带，整体性强、关联度高。在经济快速发展的背景下，一些流域的水资源被野蛮开发和污染，遭受工业生产排污和城市生活排污。而由于流域具有明显的外部性特征，当河流的上游发生污染行为或过度取用时，下游地区便面临水环境恶化的问题，造成上下游地区纠纷和矛盾不断，成为我国可持续发展的瓶颈之一。据统计，"2017 年，监测的 544 个重要省界断面中，Ⅰ类、Ⅱ类、Ⅲ类、Ⅳ类、Ⅴ类和劣Ⅴ类水质断面比例分别为 4.0%、39.7%、23.3%、13.1%、7.0% 和 12.9%。主要污染指标为化学需氧量、氨氮和总磷。"[①] 可见，监测的省界断面中，Ⅳ类、Ⅴ类和劣Ⅴ类的"人体非直接接触水质"的河流断面仍然高达 33.0%，其中海河、辽河等河流水污染问题更是不容忽视。近些年，发生的松花江流域污染事件、广东小东江流域污染事件、兰州水污染事件等均影响较大，给经济社会发展和人民群众生活造成了极坏的影响。

区域大气污染问题。区域大气污染主要以 PM2.5、酸雨、二氧化硫等污染物为主，是由于我国能源结构低端化、生产生活方式不合理等原因综合作用的结果，呈现出区域性、复合型特征。相对于流域污染而言，大气污染更具流动性和传播性，更加难以划分界限。而且大气污染发生后，会随着空气的流动扩散到更广的范围中。尤其是随着城市化的推进，各城市之间大气污染交互传送，多种污染物混杂叠加，致使污染物危害放大，对人体造成长期的危害。[②] 当前，我国大气污染状况十分严重。据相关统计，"2017 年，全国 338 个地级及以上城市中，有 99 个城市环境空气质量达标，占全部城市数的 29.3%；239 个城市环境空气质量超标，占 70.7%。"京津冀、长三角、珠三角地区平均超标天数比例分别为 44.0%、25.2%、15.5%。"酸雨区面积约 62 万平方千米，占国土面积的 6.4%"，涵盖了长三角地区、珠三角地区、华中酸雨区、福建酸雨区，已然成片。[③] 随着经济发展、机动车数量增加，以 O_3 为代表物的光化学烟雾污染现象也频频出现。而 2013 年以来，"雾霾"一词进入全国公众视野，京津冀地区、华东地区、珠三角地区、成都平原城市群地区构成全国雾霾高发的四大区域。

---

① 《2017 年中国生态环境状况公报》（2017）.
② 欧阳帆. 中国环境跨区域治理研究 [M]. 北京：首都师范大学出版社，2014：58.
③ 《2017 年中国生态环境状况公报》（2017）.

（二）跨区域环境隐患问题不容忽视

跨区域环境隐患问题是由于在经济发展过程中不合理的产业设置或者不可控的风险源可能引致环境污染问题的状况。通常来说，主要体现在以下两种情况：

其一，跨界功能区划定不协同。按照法律规定，在不同的行政区交界地带，其主体功能区定位及规划应由相邻行政区政府自行协商，若协商不成则由上级政府介入协商。然而，现实生活中，其主体功能区的定位一般都是各个行政区自行确定，缺乏协商过程，这便容易产生极大的问题，即不同行政区之间环境标准高低不一，环境污染的外部性作用凸显，甚至主体功能区定位会发生极大的冲突，致使污染方的污染使得另一方的主体功能定位功亏一篑，出现环境安全隐患问题。例如，甲地位于河流的上方，在未经协商情况下，其环保标准倾向于比下游乙地的标准要宽松；丙地是工业集聚区，然而与之毗邻的丁地却是生态功能区，等等。类似功能区定位冲突的情况在现实生活中均可以找到许多具体案例，致使协同处理跨区域环境问题行为失去必要的前提和基础。其二，跨区域环境风险源问题值得关注。这种风险源问题又分为几种类型：一是工业设置不符合主体功能区定位或产业政策，造成排污行为或排污超标，更有部分企业非法运行，搅扰了正常的生产秩序和绿色治理秩序，造成安全隐患。二是一些不法企业运用跨界地带管理相对疏松的现状，偷偷跨界排污或转移危险废弃物行为时常出现，成为法律监管的盲区，也造成不小的安全隐患。三是在法律法规许可范围之内的企业生产经营活动也有可能产生跨界环境隐患问题。例如，在我国的七大河流沿岸，由于便利的运输及丰富的水资源，集聚着大量的工厂。虽然绝大多数工厂环保标准符合要求，然而毕竟也是巨大的安全隐患，一旦发生不可抗力或不可控的污染突发行为，很可能殃及较大流域。在部分通航的河段，船舶事故可能导致的燃油泄漏事件，也会波及较大范围。所以，跨区域环境隐患问题也是跨区域绿色治理将要着力解决的问题之一。

（三）跨区域生态退化问题依然严峻

近些年，随着我国主体功能区规划、退耕还林还草、天然林保护工程、三江源水源地保护、北方风沙源治理等生态文明建设政策与工程的推进，部分地区的生态退化问题有所改善，然而总体上来看自然生态系统的问题依然严峻，"生态环境脆弱，生态系统质量低""土地退化问题仍然严重"①，生态治理的任务依然艰巨。对此，要科学认识。我国自然生态系统复杂多样，区域间差异大，以农田、荒漠、森林、草原为主，占到陆地总面积的82.8%。然而，由于地理位置、气候条件等客观因素的影响，我国的自然生态系统总体上十分脆弱，对人类活动的干预敏感度极高，这是造成我国自然生态系统问题的自然禀赋。然而，值得注意的是，自然生态系统严峻局势的成因中，高强度的人类活动干预是非常值得关注的。改革开放以来，我国工业化、城镇化步伐大大加快，据统计，"全国城镇面积明显增加，十年增加了5.56万平方公里，比2000年增加28%"②，这种状况给自然生态系统造成了巨大的压力，人与自然矛盾突出。例如，自然生态系统人工化趋势明显，全国人工林面积占森林总面积的三分之一左右，水库面积增加而自然河段长度下降；水电开发导致河流断流、水生生物减少、水环境恶化情况屡见不鲜；许多河流浅层地下水开采严重；矿产资源开发严重超载，"十年间新增矿区面积为2285.17平方公里，占2010年矿产总面积的32.26%"③，过度开发矿产资源会造成诸多次生灾害，给生产、生活造成巨大的威胁。以上生态退化问题往往辐射面积大，跨越多个行政区，也是跨区域绿色治理需要关注的议题。

（四）跨区域绿色贫困问题亟待解决

消除贫困和保护环境是可持续发展的两大核心议题，关系到民生水平的提高，关系到全面小康社会的实现，是社会主义本质的内在要求。在一些地区，消除贫困和环境保护两大任务共同存在，绿色贫困问题值得关注。按照绿色资源的丰歉程度，绿色贫困大致分为三种类型：一是绿色资源贫瘠型贫困区。这些地区往往位于西部石漠化山区或沙漠戈壁边缘地带，绿色植被稀缺，缺乏生态保护屏障，干旱少雨，自然条件恶劣，农业发展困难，第二、三产业更是难以发展。二是绿色资源丰裕型贫困区。与上一种情况相反，这一种贫困区的绿色资源丰裕，动植物资源十分丰富。这些地区往往位于山区地带，山高谷深、地形复杂，洪涝等自然灾害频发，交通极差，较差的区位

① 欧阳志云.我国生态系统面临的问题及变化趋势［N］.中国科学报，2017-07-24.
② 同①。
③ 同①。

位置使其很难将绿色资源转化为经济资源，导致贫困现象。三是混合型绿色贫困地区。此类地区绿色资源禀赋不丰裕但也谈不上贫瘠，介于前两者之间，能够维持基本的生态功能；当地主要以农牧业为主，其他产业发展滞后，经济发展水平介于温饱与小康之间。这些绿色贫困地区呈现出明显的特征：一是这些重点扶贫开发区域很大程度上与我国的国家重点生态功能区相重叠。《中国农村扶贫开发纲要（2011—2020）》中界定了中国十年间扶贫开发的重点，包括 11 个集中连片特殊困难区、五省藏区以及新疆南疆三地州。"中国拥有 326 个国家级自然保护区，据不完全统计，有近 1 /3 位于国家扶贫开发重点县"①。这些地区由于具有水土保持、水源涵养、动植物保护等重要的生态价值，往往属于国家的限制开发区和禁止开发区，由于政策的原因限制了部分地区的发展。二是反贫困成本高而且返贫比率高。由于地理位置、交通、人力资本等方面的劣势，按照常规的经济发展思路很难使其走出困境，即便走出困境，如何保障经济的持续健康发展也是个难题。可以说，跨区域绿色贫困问题的治理任重而道远，作为贫困和环境保护任务共生的特殊区域，也应该成为跨区域绿色治理所关注的子问题之一。

然而，作为一个发展中国家，发展是第一要务，是解决诸多社会问题的关键所在，这是必须认清和秉持的理念。在巨大的经济发展和生态环境保护等多重压力之下，我国政府也开启了绿色治理的步伐。可持续发展、科学发展观、生态文明、绿色发展等治理理念相继提出，同时匹配了一系列的公共政策体系和公共管理行为，绿色治理被提到了前所未有的高度。这些努力取得了一定的积极成效，使我国绿色治理的意识、绩效走在了发展中国家的前列，生态环境"局部有所改善"。然而，我国生态环境"整体仍在恶化"的现状并未根本改变，政府在绿色治理上还存在不少问题，绿色治理依然是任重而道远。在当前我国环境保护"属地管理"的主导原则下，跨区域绿色公共事务治理失灵问题日益凸显，导致边界生态环境纠纷频繁、区域性绿色公共产品供给不足，成为绿色治理进程中必须克服的一道难题。从学理层面上看，绿色治理理念、绿色治理政策体系的预期功效需要通过绿色治理实践方能落实，因此，探讨处于绿色治理实践层面的跨区域绿色治理的府际合作议题意义尤为重大。而地方政府间合作的有效机制，包含地方政府间的横向合作机

---

① 邹波、刘学敏、王沁. 关注绿色贫困：贫困问题研究新视角［J］. 中国发展，2012（8）：7—11.

制和国家权力的纵向作用机制。在单一制政体下，后者往往发挥刚性规制作用，不容忽视。因此，本研究拟从公共管理学视角切入，以地方政府间绿色治理府际合作，尤其是省级政府间合作为研究对象，探究国家权力纵向嵌入的时机、程度、方式及差异化实现路径，提出合适的治理模式与区域差异化实现路径，以期为区域环境共同体的生成提供有参考意义和应用价值的对策措施。

二、选题意义

该课题的研究具有重要的现实和理论意义：

其一，对于落实绿色发展、生态文明等战略决策具有重要意义。本课题的探讨将着力解决生态文明建设过程中"属地管理"的行政逻辑与"一体化禀赋"的生态逻辑相冲突的难题，解决其中的体制机制障碍，从而促进各地方、各层级政府间共创生态文明、共享绿色成果。

其二，对于国家治理体系和治理能力现代化起重要推动作用。制度对于区域治理运行的绩效起着前提性的重要作用①。本课题致力于探讨跨区域绿色治理府际合作中国家权力嵌入机制，在嵌入前提、嵌入行为、嵌入保障等方面进行改进，推动跨区域地方政府间合作、中央地方府际协调的区域治理制度创新，以获得持续的制度优势，优化公共治理体系，提高绿色治理能力，进而增进绿色治理效能，实现有效的区域治理。

其三，对于构建区域共同体具有重要促进意义。伴随着区域经济的迅猛成长，区域生态环境领域的合作越发成为区域整体合作的一个重要构成部分，获得越来越多的重视，纷纷寻求绿色治理合作。因此，在研究过程中，应做到从区域共同体的全方位视域探索绿色治理的单领域合作。通过探讨国家权力纵向作用于跨区域绿色治理合作的运作机制，推动跨区域绿色治理联防联动，继而与区域经济、文化、社会等领域协同，推动区域内全方位合作，培养区域共同体意识，从而推进区域一体化进程。

其四，对于区域公共管理理论具有补充和发展意义。本课题聚焦跨区域

---

① ［美］埃里克·弗鲁博顿，［德］鲁道夫·芮切特.新制度经济学——一个交易费用分析范式［M］.姜建强，罗长远，译，上海：上海三联书店，2006：1.

绿色治理府际合作中国家权力纵向作用机制的研究，有助于进一步深化绿色治理领域的央地政府间、地方政府间等府际关系研究，在探讨过程中也会系统梳理国家权力纵向作用的时机、程度与方式，同时考量中国的政治体制等影响因素，彰显四个自信，能够在一定程度上丰富、完善中国特色、中国气派、中国风格的区域公共管理理论体系。

第二节　相关概念的厘定

一、区域

"区域"是区域公共管理学研究中的核心概念。由于研究视角、研究对象的差异等原因，区域被赋予了不同的内涵与外延。在本课题研究中，立足公共管理学，尤其是传统公共行政学，将"区域"等同于"行政区域"，即"国家为了行政管理的需要，将国内的疆土和居民进行有层次的管理划分而形成的行政管理地域单元，是国家行政力量的分配和组合"①。行政区域具有相对稳定性和延续性的特点，由于国家政治统治、经济发展、国防安全、社会建设等原因也有可能发生变更或调整，但也是经过了多方面的综合性考虑。当前，我国行政区域的划分通常有两种类型：其一，根据行政区域级别来分，根据宪法和国务院组织法，我国地方行政区域划分为省（自治区、直辖市）、市（县）、乡（镇）共计三级。在我国长期的行政实践当中，三级分类事实上逐渐演化成了四级分类，即：省（自治区、直辖市）、地级市、县（县级市）、乡（镇）。虽然其法理性和利弊得失有待商榷，但这并非本研究所探讨的问题，况且应当承认既有局面的相对稳定性，改革也不是一朝一夕能够完成的，因此在本课题研究中使用四级分类法，更加符合现实情境，解释力也更强。其二，根据行政区域管理特点差异来划分，可以将我国地方行政区域分为普通省制区域、中央直辖市区域、民族自治区域和特殊行政区域。其中，特殊行政区域既包括政治特区、经济特区、行政特区，也包含"开发区"等新生行政区域。此外，基于国家发展战略定位、自然禀赋等其他因素，还可

---

① 陈瑞莲.区域公共管理理论与实践研究［M］.北京：中国社会科学出版社，2008：8.

以进行其他类型的划分，但均是以以上两种划分为基础，在此不做赘述。因此，"区域"一词在本研究中特指行政区域，"跨区域"一词特指跨毗邻行政区域。

二、绿色治理

1. 治理

"治理"（governance）一词使用频繁，而且具有较长时间的使用历史。在中国，春秋战国时期文献中便有"治理"概念，西方"治理"一词来源于拉丁文和古希腊语，原意指代"控制、引导和操纵"。1986年《韦氏第三版新国际辞典》（Third New International Dictionary Unabridged）将"治理"界定为"由管理一个城市，或者公司等的人们控制它们的那种方式"[①]。总体来看，此时"治理"一词往往用于有关国家事务的政治活动和管理活动当中，与"统治"一词并未有较大区别，时常交叉使用。现代意义上的"治理"一词始自1989年，世界银行关于非洲状况的研究报告中，首次使用了"治理危机"概念，此后"治理"一词被联合国、各国政界和各领域学者们纷纷使用，其中2013年中国共产党十八届三中全会当中也采用了"治理"表述方式，提出"推进治理体系和治理能力现代化"。然而，处于不同的研究视角和立足点，学者对"治理"的界定有着明显不同，使得"治理"体系略显庞杂和凌乱。因此，有必要对"治理"进行概念的梳理和界定。

国际机构方面的界定主要有：联合国教科文组织成立"全球治理委员会"，对"治理"概念、内涵等进行深入探讨，认为治理是"各种公共的或私人的个人和机构管理其共同事务的诸多方式的总和"[②]。世界银行认为治理是"指行使政治权力来管理一个国家的事务，建立有效的公共服务、可靠的法律制度以及对公众负责的行政当局"[③]。联合国计划开发署则认为治理是"行使经济、政治和行政权力，管理国家各级的事务，治理包括一些机制、过程和机构，使公民和群体能够借以表达他们的利益、行使他们的法律权利、履

---

① 欧阳帆.中国环境跨区域治理研究［M］.北京：首都师范大学出版社，2014：11.
② 俞可平.治理与善治引论［J］.马克思主义与现实，1999（5）：37–41.
③ 欧阳帆.中国环境跨区域治理研究［M］.北京：首都师范大学出版社，2014：12.

行他们的义务和调节他们之间的分歧"①。西方学术界的主要观点有：皮埃尔·德·塞纳克伦斯认为，"治理"是指"各国政府并不完全垄断一切合法的权利，政府之外，社会上还有一些其他机构和单位负责维持秩序，参加经济和社会调节"②；詹姆斯·罗西瑙认为治理是不同于统治的一系列活动领域里的管理机制，部分属于正式授权，部分属于非正式授权③。弗雷德里克森指出，"作为公共行政的治理的第一个和最明显的含义是：它包含了参与公共活动的各种类型的组织和机构"等等。俞可平——我国"治理"一词公认的首倡者，认为治理是"使用一定的权威维持公共秩序并最大程度地实现公共利益"。④

国际机构和中西方学界对"治理"概念的探讨均指出了治理与统治的区别，通过这些区别，可以归纳出治理的若干个特点：其一，治理主体趋于多元化。传统的统治主体是单一的，即国家权力机构。而治理的主体则大大扩展，变为多元主体，社会组织、公民个人、企业组织甚至国际性组织、国外组织都有可能成为治理的主体。在治理主体范畴中，"政府不能完全垄断治理中的所有合法权力"⑤，承担着治理互动行为组织者和保障者的作用，具有合法性公认的强制力是政府主体所具有的优势。而政府之外的其他主体的权威来源则主要来自民众的认同。政府主体的能力禀赋以及作用，使得政府依然在治理主体中具有最重要的地位。其二，治理范围扩大化。传统的统治范围主要是指传统安全领域——经济、政治、社会领域，而这里所提及的治理范围大大扩展，包括了国家、社会、各类组织、个人各个层面，也涵盖了经济、政治、文化、社会、生态等宏观微观领域。其三，权力运行呈现多向性。传统的统治模式权力运行方向是典型的"自上而下型"，主要是公权力的分配和运用问题。而在治理模式中，政府的作用由统治模式所对应的"划桨人"变成"掌舵人"，而像社会组织、公民个人、企业组织等自组织或个人可以在脱离政府直接管理范围内进行自我管理和活动，参与到公共事务的管理当中来。因此，治理模式的权力运行更加复杂多向，涵盖了自上而下模式、自下而上模式、横向互动模式以及多种模式的结合等。其四，治理手段复杂多样。传

① 同③。
② 欧阳帆.中国环境跨区域治理研究［M］.北京：首都师范大学出版社，2014：11.
③ ［美］詹姆斯·罗西瑙.没有政府的治理［M］.南昌：江西人民出版社，2001：5.
④ 同①。
⑤ ［瑞士］皮埃尔·德·塞纳可伦斯.治理与国际调节机制的危机［J］.国际社会科学（中文版），1999（1）：92.

统的管理模式所对应的管理手段主要限于行政手段和法律手段，是以政府强制力为后盾的，而治理模式的治理手段则与治理权力分散性相对应，更青睐于平等性、资源性、合作性，具体包括行政手段、法律手段、经济手段、道德手段等，充分运用市场规则、社会规则，往往采取多种手段并用。其五，治理目标在于善治。区别于传统的统治目标——善政，治理的目标在于善治，即通过还政于民，政府与其他主体对公共事务的合作管理，力求使公共利益最大化的社会管理过程。

2. 绿色治理

"绿色"是优质生态环境的代表颜色，寓意健康、无公害、节能、环保。与绿色相关联的实践活动是人与自然高度和谐的实践活动，例如，绿色消费、绿色食品等有利于提升人的身体健康状况，而绿色出行、绿色生产、绿色贸易、绿色技术等则对生态环境建设和改善起着直接推动作用。因此，中央高瞻远瞩做出了社会主义生态文明建设战略，将"绿色发展"置于新发展理念中，努力建设"美丽中国"。"绿色治理"是治理理念在生态文明建设和管理领域的具体化应用，同样具有适用性，在具有"治理"理念共性的前提下，"绿色治理"也有其个性内涵和特征。

"绿色治理"是在经济社会发展过程中，以绿色发展理念为指导思想，由政府和其他社会主体共同参与，通过多样治理手段，解决资源环境约束和矛盾问题，实现资源节约型、环境友好型社会目标的公共治理模式。绿色治理模式遵循根本性、整体性治理逻辑，并不是头痛医头脚痛医脚式的末端、局部治理模式。以主体为划分标准，绿色治理系统可以分为政府绿色治理（如绿色行政）、社会绿色治理（如社会组织、公众、媒体、专家学者推动）、市场绿色治理（如企业及其他组织推动）等子系统①。其中，各个子系统相互影响、协同互动。政府绿色治理承担着治理行为组织者和保障者的作用，尤其在中国后发外铄型现代化背景下，政府更应当被提升到绿色治理主导和关键者的地位；社会绿色治理在整个体系中处于基础性地位，主要通过压力的塑造、智力的支持等途径发挥作用，同样是不可或缺的；政府绿色治理、社会绿色治理最终都要通过企业绿色生产实践发挥作用，市场绿色治理在治理体系中起着"前沿阵地"的作用，不可替代。

---

① 苑琳、崔煊岳.政府绿色治理创新：内涵、形势与战略选择［J］.中国行政管理，2016（11）：151.

基于自然禀赋的不同以及人类行为的影响迥异,我国生态环境问题大致可以划分为"环境污染问题、环境隐患问题、生态退化问题以及绿色贫困问题"①。与此相对应,绿色治理即为以上四类问题的治理。其一,环境污染问题及其治理。环境污染问题主要是在工业化快速推进过程中产生的副产品。改革开放以来,我国的工业化进程不断腾飞,初期主要承接国际产业转移、生产末端产品,不仅利润低,而且对生态环境造成了较大的破坏,在东部发达地区表现尤甚。环境污染问题主要包括大气污染、水污染、土壤污染、固体废弃物污染、交通噪声污染等。虽然投入了大量的资源进行治理,但环境污染问题并未得到根本性好转。其二,环境隐患问题及其治理。环境隐患问题往往是大规模的资源开发与加工所导致的,尤其技术条件有限、绿色意识匮乏等原因,粗放型资源开发利用往往会留下较大的环境安全隐患及其他衍生隐患,这一问题亟须重视。其三,生态退化问题及其治理。生态退化是生态系统的一种逆向演替过程,它对人类社会的影响更具深远性意义。生态退化问题的形成主要有自然因素和人为活动干扰两大驱动力。自然因素很大程度上在人类能力控制范围之外,不在本文讨论范围之内。而人为活动干扰因素主要包括人口增长、工业发展、战争、农业活动等,这些因素往往叠加在自然因素之上,起着催化剂的作用。倘若人类实践活动超出自然生态系统的承载范围,经过叠加累计效应,很可能导致人类生活和发展的环境陷入难以为继的地步。我国需要面对的生态退化问题主要有水土流失、土地荒漠化、森林资源危机、沙尘暴天气、特大洪水、河流断流等。其四,绿色贫困问题及其治理。我国中西部地区尤其是西北地区生态系统十分脆弱、西南地区同时也是重要的生态功能区,然而与生态系统的重要功能相伴生的是这些地区中的大部分相对于东部地区来说是落后的,是全面小康建设的短板地区。可以说,两类问题交织在一起,当地既要有发展的使命也要有生态环境保护的任务,如何补齐两个短板,协调处理好短期与长远、局部与整体利益之间的关系,任务异常艰巨,对于全国生态文明建设也具有十分重要的意义。

---

① 乔尔·布利克,戴维·厄恩斯特.协作型竞争·前沿[M].北京:中国大百科全书出版社,1998:3.

三、府际合作

西方对府际关系理论的研究始于 20 世纪 80 年代。当时随着新公共管理理论的兴起与应用，在带来治理效率提高的同时，也带来了因各级政府自主意识增强和基于自身利益考量而引发的"碎片化治理"等问题，在这种背景下，学者们对地方政府的地位、作用、相互关系等一系列问题展开了热烈讨论。而随着我国市场化进程的逐步推进，自 20 世纪 90 年代以来，府际关系理论也得到了国内学者的较大关注。在本研究中，约定俗成将政府界定为各级国家机关体系当中的行政机关，即公共行政学当中的"狭义政府"。综合来看，府际关系是指为了执行公共政策或者是提供公共服务，各地方政府所形成的相互关系，包括了不同层级政府间关系、不同区域、不同部门之间以及部门与地区之间的关系，即块块关系、条条关系以及条块关系，它们所解决的是纵向政府府际权限分工以及横向府际分工协作的关系。[①] 在交错复杂的府际关系中，"因为中央与地方关系决定着地方政府在整个国家机构体系中的地位、权力范围和活动方式，从而也就决定了地方政府体系内部各级政府之间的关系，决定了地方政府之间的关系"[②]。由于政府间权力与利益的复杂博弈，也使得府际关系呈现出合作、竞争、冲突等多种态势。在当前我国跨区域绿色治理合作中，已有研究多偏向横向府际合作，但上级纵向政府应当发挥何种作用并没有得到充分重视，事实上只有横向、纵向府际关系有机结合，才能解决跨区域绿色治理难题。

通常情况下，府际合作的动力或来自区域各地方政府间利益驱动，或来自中央政府的安排、命令、鼓励等，分别呈现出自下而上和自上而下的运行向度。而合作的达成则包括五个步骤，即："确定地方合作的可能发生范围，形成关于合作的共识，达成关于地方合作的集体决定，建立地方政府合作的形成和维持机制，修正地方官员的发展观"[③]。我国地方政府间合作机制包括互利模式、大行政单位主导模式和中央诱导模式。[④]

① 刘祖云.政府间关系：合作博弈与府际治理 [J].学海，2007（1）：79-87.
② 林尚立.国内政府间关系 [M].杭州：浙江人民出版社，1998：14.
③ 杨龙.地方政府合作的动力、进程与机制 [J].中国行政管理，2008（7）：96-99.
④ 同③。

四、权力纵向嵌入机制

"嵌入"一词是匈牙利哲学家、政治经济学家卡尔·波兰尼在《大变革》一书中首先提出出来的。在该文中，他探讨了市场与社会的关系，据此提出两大命题：市场嵌入社会关系当中，市场对社会具有从属性；市场的脱嵌也会导致社会的自我保护运动，市场与社会两个主体因为某些原因发生主客体关系、结构的颠倒。嵌入理论为理解两个事物之间的内在本质关系、多个行动主体之间的合作治理提供了可能的根本逻辑。嵌入理论认为人际互动所产生的信任是组织间交易的基础，注重从组织所处的社会结构来研究组织的行为。[①]嵌入理论作为社会学中的重要理论得到了较为广泛的应用，经济社会学、政治学、管理学等学科均涉及，嵌入式整合[②]、嵌入型监管[③]、嵌入性治理[④]、嵌入性自治[⑤]等治理模式纷纷提出，用以解决城市社区治理、公共安全监管、政党关系、国家与地方关系等。

在本研究中，权力纵向嵌入机制涵盖了两个维度的内容：其一，跨区域绿色治理合作嵌入国家治理环境当中并势必受其影响，权力纵向嵌入机制有其必然性。其二，权力纵向嵌入机制要受到特定区域合作环境的制约，并由此影响纵向嵌入的时机、程度和方式。通过以上分析，权力纵向嵌入机制可以进一步细分为嵌入前提、嵌入行为、嵌入保障、嵌入结果，其中嵌入前提、嵌入保障属于第一维度；嵌入行为属于第二维度，嵌入结果则是两个维度综合作用的效果呈现。权力纵向嵌入机制与传统的治理机制有着较为明显的区别。权力纵向嵌入机制主要依托政治权力、行政权力、法律权力、经济权力、人事管理权力等正式权力和由此生成的刚性权威，运用命令、控制、协商、指导等多种政策工具，充分重视并积极调动地方政府之间的自主性合作，发挥中央政府的引导性作用，保障国家战略方向、区域地方政府及合作利益诉

---

① GranovetterMark, Economic Action and Social Structure: the Problem of Embeddedness [J]. American Journal of Sociology, Vol91, No3, 1985.

② 张艳娥. 嵌入式整合：执政党引导乡村社会自治良性发展的整合机制分析 [J]. 湖北社会科学，2011（6）：19-22.

③ 刘鹏、孙燕茹. 走向嵌入型监管：当代中国政府社会组织管理体制的新观察 [J]. 经济社会体制比较，2011（4）：118-126.

④ 徐选国. 嵌入性治理：城市社区治理机制创新的一个分析框架 [J]. 社会工作，2015（5）：55-64.

⑤ 何艳玲. 嵌入式自治：国家-地方互嵌关系下的地方治理 [J]. 武汉大学学报（哲学社会科学版），2009（4）：495-501.

求的双重实现。

第三节 相关问题的研究综述

一、国外研究现状

跨区域府际合作是当前西方学界的重要研究领域，当中就包括区域环保、区域可持续发展和流域治理等绿色治理议题，研究重点在于：

其一，跨区域绿色治理府际合作研究溯源。跨区域绿色治理府际合作隶属于跨区域府际合作谱系，有必要理清跨区域府际合作理论发展梗概以便从全局视域科学审视。跨区域府际合作发端于20世纪90年代欧美发达国家，逐渐由区域经济合作扩展到其他领域的全面合作。学界关注点主要有：（1）跨区域治理府际合作方式。菲利普·库珀（2006）指出府际间合作已成为最常见的政府间关系结构；卡伦·克瑞斯滕森（2009）、沃克（2010）则总结了跨区域治理府际合作的具体方式，涉及信息、财力、机构、开发、行动、审查与评论等方面的合作。（2）跨区域治理府际合作阶段。世界经济合作组织（2001）通过成员国治理实践总结，从宏观角度将其分为行政区划调整阶段、功能整合阶段、伙伴关系建立阶段；威尔森（2009）则总结了具体合作中的"五步走"方略。（3）跨区域治理府际合作动力。新区域主义学派通常认为跨界治理的内在动力在于经济发展，诺利斯（2001）等人则认为其动力在于政治驱动。（4）跨区域治理府际合作经验。李长晏（2014）、林水吉（2009）等学者系统总结了各国府际合作中新领航机制、中央政策支持、资金分担的合理性等方面的经验。当前，跨区域绿色治理府际合作也成为解决跨界环境污染问题的实然所在。

其二，跨区域绿色治理府际合作机制研究。跨区域绿色治理府际合作机制包含横、纵立体式合作机制体系。（1）跨区域绿色治理中横向府际合作机制。彼得等人（2006）指出未来环境方面的主要治理模式是府际合作治理，府际政策分为强制性和合作性两种，以法律和协商治理工具为主的合作性更受青睐；沃尔特（2001）以英国、意大利部分地区为案例，分析了地方、区域层级开展行动的比较优势；关于绿色治理的地方府际合作模式，主要有尼尔·甘宁汉（2009）等人总结的协调组织模式、府际协议模式等。（2）跨区域绿色治理的中央与地方事权划分。奥茨（2001）、怀特福德（2010）齐默尔曼（2009）区分了区域公共产品属性，建议区域大气污染的府际事权划分，需要中央政府层面、地区之间府际合作层面各采取不同的政策措施来应对，国会对协议进行修改，州和地方政府拥有部分优先权，以解决协调困境；弗雷德里克松等人（2006）的"环境竞次"效应和莱文森等人（2003）的"环境竞优"效应对不同发展阶段的国家有不同适用性，影响着央地事权划分。

其三，跨区域绿色治理府际合作驱动因素研究。迪尼库（2014）、蒂姆·佛西（2014）、罗伯特·阿格拉诺夫（2007）等人通过研究发现，跨区域绿色治理府际合作可行的因素，包括利益主体间的意见一致、共同对付环境威胁的意识、上级政府政治意愿、专家因素、为了明确重点和责任而展开的联合调查、公众对居住环境的高需求、通信网络的存在以及共同语言的使用等。

二、国内研究现状

国内学界对跨区域绿色治理府际合作的研究，既受到西方学者的影响，也深深扎根于我国绿色治理府际关系发展的现实基础上，研究重点在于：

其一，跨区域绿色治理府际合作困境研究。学者利用不同研究方法、从不同角度进行探讨，研究成果较多，"合作碎片化"成为共识。戴胜利（2015）提出了跨区域生态文明建设的四大利益障碍诱因：局部与整体、局部与局部、近期与远期、政府官员与政府等四个方面利益的不一致或冲突；金太军、唐玉清（2011）认为集体行动生成困境有理念认知差异、利益结构差异和制度机制缺失；杨妍、孙涛（2009）则认为环境合作机制问题主要有依赖领导人承诺和会议协商，制度化程度偏低，垂直纵向运行机制在区域府际合作中起实质作用等。

其二，跨区域绿色治理府际合作影响因素研究。（1）影响因素概览。从现有研究看，影响跨区域绿色治理府际合作的因素主要包括政府差异性、利益协调困难、合作成本、管理体制障碍、制度保障的缺失等。（2）关键影响因素。其中，在管理体制方面，张紧跟（2007）认为治理结构碎片化、治理动机自利性、治理行动各行其道使绿色治理陷入困境；降低交易成本，构成推动区域有效治理的理论依据，交易成本包括信息费用、缔约费用、控制费用、监督费用等，郭斌（2015）、王丽丽、刘琪（2014）、卓越（2009）的研究具有代表性。

其三，跨区域绿色治理府际合作模式、机制与政策工具研究。针对跨区域绿色治理府际合作困境，谢宝剑、陈瑞莲（2014）提出建立制度联动、主体联动和机制联动的国家治理框架下的区域联动治理是必然选择，可谓学界共识。（1）合作模式。基于市场失灵与科层制失灵等原因，逐渐形成府际合作模式，典型观点有：杨龙（2008）提出的互利模式、大行政单位主导模式、中央诱导模式，以提高府际信任为目标。（2）合作机制。蒋瑛、郭玉华（2011）、王薇（2014）、崔龙（2011）、王勇（2010）、刘祖云（2007）等人均提出建立地方政府间横向协调管理机构，具体包括信息通报机制、突发环境事件应急机制、区域生态补偿机制、区域政府间合作政策体系和地方政府间环境合作治理的监督和约束机制。此外，邢华（2014）、李兴平（2016）则从时机选择、工具选择等方面探讨了纵向嵌入治理机制在跨界绿色治理中的作用，以期与横向关系有效协调和良性互动。（3）合作政策工具。何精华（2011）系统探讨了府际合作治理的政策工具及其设计原则；王惠娜（2012）则探讨了区域绿色治理中的新政策工具，认为其不能取代传统的管制型工具，因为政策工具的选择和使用受制于政策网络风格；杨爱平（2011）则着重探讨了府际合作的契约。

三、简要述评

目前既有相关研究成果丰富、资料翔实，这为本课题的研究奠定了坚实的基础。但这些研究成果也还存在以下问题：一是在研究内容上，大多数研究主要关注跨区域绿色治理中府际横向合作机制，而很少有人关注其中国家权力纵向作用机制；即便有涉及，也仅限于必要性的论述，未能详尽分析国家权力纵向作用的时机、程度、方式以及针对不同类型区域的差异化实现路径等现实问题，这就导致所提出对策建议的针对性和可操作性不强。二是在研究范式上，国内学界许多研究有照搬国外成果的倾向，未能区分中外政治发展模式的不同，未能进行本土化考量、转换与发展，研究成果缺乏现实意义。三是在研究方法上，大多数成果采用规范分析方法，由于缺少了案例分析等实证研究方法，其结论较为空泛。

第四节　研究思路与方法

一、研究思路

本课题研究的主要目的在于提高跨区域绿色治理府际合作中国家权力纵向嵌入机制的科学性，促进区域生态一体化的实现。为达成这一学术目标，本研究遵循基础研究、现状分析、理论探索和政策研究四个渐进的阶段，共计七章，具体如下：

第一章，导论。本部分主要解决"为什么要进行本项目研究"和"怎样进行本项目研究"两大问题，为本课题的研究奠定基础。首先，探讨问题的提出与选题意义；对相关概念进行界定，涉及到的基础性概念有区域、绿色治理、府际合作、权力纵向嵌入机制等，研究对象则选取具有一定典型性、意义重大的跨省区绿色治理合作，界定明晰以避免出现研究混淆的问题；随后综述国内外研究现状并做分析评价，作为本文研究的基础；然后是研究思路与方法，作为研究的技术路线；最后，衡量研究的创新点与不足。

第二章，跨区域绿色治理府际合作中国家权力纵向嵌入机制的理论基础与分析框架。本课题首先深入挖掘马克思主义政府职能理论和权力配置思想，为整个课题的研究提供基础理论，本部分是整篇报告的重点与难点之一。同时，从公共组织管理理论、交易费用经济学、协同发展学说等理论中积极借鉴西方学界的政府管理智慧。最后，审思评价上述思想资源的适用性与局限性。在此基础上，搭建本报告分析框架，即"嵌入前提—嵌入行为—嵌入保障—嵌入结果"分析框架。

第三章，跨区域绿色治理府际合作中国家权力纵向嵌入历程与困境分析。本部分首先对跨区域绿色治理府际合作历程进行概述，探讨其合作缘起、合作实践历程、合作现状、合作不足与缺憾，梳理、认清其宏观的环境、政策的大局。在此基础上，从"嵌入前提—嵌入行为—嵌入保障—嵌入结果"分析框架的角度分析国家权力纵向嵌入困境。在嵌入前提方面，主要探讨政府行政权力划分与配置方面的问题；在嵌入行为方面，主要探讨嵌入的时机、程度与方式方面的问题；在嵌入保障方面，主要探讨法律依据、组织结构、能力匹配、动力整合、其他主体参与、激励约束、信息保障等方面的问题。

嵌入结果前面已做阐述，这一部分不再说明。

第四章，嵌入前提：科学划分职责权限。针对跨区域绿色治理府际合作中国家权力嵌入前提存在的问题，提出相应的解决方案，力求做到多方利益诉求与治理科学性相结合，科学划分与配置政府行政权力。主要包括：行政机关组织体系内部权力配置、行政机关与其他主体的权力配置、权力配置的制度化程度等方面。

第五章，嵌入行为：有效甄选时机、程度与方式。针对跨区域绿色治理府际合作中国家权力嵌入行为存在的问题，提出相应的解决方案。在确定国家权力纵向嵌入的时机与程度时，应遵循交易成本最小化原则，分别确定跨区域绿色治理合作风险较低、区域间差异化程度较高等情况下横向、纵向府际关系协调介入的程度。此外，区分跨区域绿色治理府际合作中国家权力纵向嵌入形式、具体方式，并予以科学评判和优化选择。

第六章，嵌入保障：完善治理系统工程。嵌入是个系统工程，纵向嵌入的有效运行离不开完善的治理系统工程。针对跨区域绿色治理府际合作中国家权力嵌入保障存在的问题，要提出相应的解决方案，在法律依据、组织结构、能力匹配、动力整合、多主体参与、激励约束、信息保障等方面进行有针对性的改进。

第七章，跨区域绿色治理府际合作中国家权力纵向嵌入机制差异化策略及个案分析。在本部分首先选择恰当的标准对跨区域绿色治理府际合作的典型类型进行区分，寻找各类型的关键影响因素，然后针对不同的类型有机匹配相应的纵向嵌入具体模式，并就其实现的难点、重点、风险及其防范进行分析。通过这样的方式，发挥出国家权力嵌入机制最大效能。

二、研究方法

"一种理论如果不能从方法上检验与发展，则永远是一种没有用处的力量；反过来，一种方法如果离开了理论即使是具有使用价值的方法，也永远是一种不结果实的方法。"① 一般来说，社会科学的研究方法有三个层次，即研究方法论、研究方式、具体研究方法。探讨跨区域绿色治理府际合作中国

① ［德］克劳司斯·冯·柏伊姆.当代政治理论［M］.李黎，译.北京：商务印书馆，1990：61.

家权力纵向嵌入机制研究，需要综合运用多种研究方法，方能推动研究向纵深发展。本研究同样采取这三个层次的研究方法。

（一）方法论：历史的与逻辑的相统一

历史的与逻辑的相统一，是马克思主义辩证思维的普遍原则和基本方法。"历史的"是指客观历史发展现实，"逻辑的"是这一发展过程在思维中的概括性反映和思考。"历史的与逻辑的相统一"是指在研究某个事物或现象时，需要在搜集占有事物发展具体材料的基础上，进行科学抽象及概括，形成基本概念、范畴及理论，以便深刻地把握事物发展的本质规律。该方法论反对历史与逻辑、理论与实践、思想与现实的割裂，是社会科学研究中常用的方法之一。宏观层面上，跨区域绿色治理是一个历史过程，通过来龙去脉的梳理，探讨其合作缘起、合作实践历程、合作现状，分析合作不足与缺憾，总结治理的逻辑。微观层面上，对于跨区域绿色治理府际合作的典型类型及其案例，本研究报告也将遵循该类型区域生态治理的历史进程，探讨国家权力纵向嵌入所遵循的治理逻辑规则。

（二）研究方式：规范研究与实证研究相结合

规范研究是对事物或现象所进行的价值层面的判断，是建立在对客观进程中规律的抽象与分析基础之上，解决"应当怎么样"的问题。这是社会科学研究所经常采用的基本方法，"无偏见的社会科学从来就不存在，将来也不会有"[1]。实证研究，通过观察、采访等途径获取其第一手素材，得到关于该事物或现象的知识内容，解决"是什么"的问题，从而检验或修正、发展理论模式。在本研究报告中，运用相关理论坚持规范分析为主体，提出跨区域绿色治理中国家权力纵向嵌入的应然状态，同时通过经验观察、调查访问、个案分析等实证方法呈现跨区域绿色治理的样态，检验理论、发展理论，最终解决现实问题。

（三）具体方法：文献分析法、个案分析法、比较分析法

文献分析法是指通过系统搜集、鉴别、整理既有多种文献资料，认清背

---

① 余敏江.生态区域治理中中央与地方府际间协调研究［M］.广州：广东人民出版社，2011：24.

后逻辑关系、事物本质的方法。该种方法既经济又快速有效，是社会科学研究常用的一种研究方法。在本研究项目中，梳理了国内外关于跨区域绿色治理府际合作的既有研究，包括研究溯源、合作机制、合作驱动因素、困境、政策工具等，在前人研究基础上，确立了跨区域绿色治理府际合作中国家权力嵌入机制研究的必要性、分析框架、具体机制、差异化策略等研究议题。在进行跨区域绿色治理府际合作历程概述时，也大量收集了相关的历史文献，从中整理提炼出所需要的研究议题来。其他部分也系统整理了跨区域绿色治理府际合作的法律法规、政策文件、新闻报道等，作为深入研究的基础素材。

个案分析法是指结合文献资料对某一单一对象进行细致分析，从而得出事物一般性、普遍性的规律的方法。在本课题研究过程中，落脚点在于探索跨区域绿色治理府际合作中国家权力纵向嵌入机制差异化策略。在这里，本文对跨区域绿色治理类型进行划分，选取了东西部典型区域进行案例分析，并通过分析结果的对比，提出针对不同类型行政区域国家权力纵向嵌入的可操作政策建议。

比较分析法是根据一定的标准，把不同的事物进行对比，考察其异同和矛盾，从而把握事物的本质和规律。比较分析法是社会科学研究中常见的一种方法，它"为任何一个单独领域的专家提供了他所生疏的背景情况和各种关系。……是防止我们对人类社会各种可能性视而不见所能获得的最佳方法。"① 在本课题研究中，多处采用了比较分析法。在理论基础与分析框架构建时，对比中西方文化、发展程度、管理体制等现实情境，从而深入探讨马克思主义政府职能和权力配置思想、西方诸相关理论的适用性；针对不同的成本，有针对性地选择跨区域绿色治理府际合作中国家权力纵向嵌入的类型，提出不同的方案；同时在跨区域绿色治理纵向嵌入机制差异化策略研究中，也是综合比较分析了建设主体、受益范围、增益状况等情况而归纳了四种类型。

---

① ［美］阿尔蒙德. 比较政治学：体系、过程和政策［M］. 曹沛霖，译. 上海：上海译文出版社，1987：22.

第五节　主要研究贡献与不足

一、主要研究贡献

进行跨区域绿色治理府际合作中国家权力嵌入机制研究，具有重要意义。本课题希冀在以下三方面有所突破：

其一，研究主题上有较强的创新性。在跨区域绿色治理合作研究中，现有实践侧重于地方政府的横向关系，即地方政府之间签署政府间协议、备忘录、建立地方官员定期交流机制等横向组织形式，而这一模式在解决复杂的区域合作问题时面临诸多障碍，必须将纵向政府关系纳入府际关系网络，才能更好地去解决跨区域绿色治理合作问题，避免生态文明建设过程的碎片化倾向。

其二，研究中的中国特色鲜明。本课题的研究立足于中国特色的政治体制、政策执行模式与工具等具体国情基础上，有鉴别地吸收西方学界的相应观点，助益形成中国特色、中国风格、中国气派的话语体系，提高对策建议的可操作性和实效性。

其三，构建了跨区域绿色治理府际合作国家权力纵向嵌入的分析框架，并予以针对性研究。本课题立足于马克思主义政府职能和权力配置思想，同时借鉴西方相关理论，构建了"嵌入前提—嵌入行为—嵌入保障—嵌入结果"分析框架，能够全方位、系统地探讨嵌入机制问题。同时，为了增强理论的解释力和适用力，又根据建设主体、受益范围、增益状况等标准将跨区域绿色治理问题分成若干典型类型，并提出有针对性的可操作政策建议。

二、研究不足

其一，研究方法上的不足。由于政府间关系是一个社会热点问题，也是矛盾经常突发的议题，属于比较敏感的话题。这也导致了在资料获取方面的阻力和困难，尤其是实证研究方法应用的困难，对于现实政策世界里复杂的信息难以真正把握，课题研究时更多采用了规范分析为主的方式，致力于为政府官员给出不同的政策途径选择。

其二，非正式协调软力量研究的不足。应当承认，在中国的文化背景下，政治领域"关系""面子""熟人""人情""圈子"等非正式协调软力量是客观存在的，并以信任和合作为规则，这些软力量在一定程度上导致了府际协调的欠科学和欠合理，侵蚀着以规则和权威为规则的正式协调结构。对于这一部分，由于研究方法应用的缺陷，导致不能掌握真实情况，故本研究还是主要探讨正式协调结构和行为。

第二章　跨区域绿色治理府际合作中国家权力纵向嵌入机制的理论基础与分析框架

第一节　跨区域绿色治理府际合作中国家权力
纵向嵌入机制的理论来源

一、理论溯源：马克思主义政府职能理论和权力配置思想

马克思、恩格斯主要生活在 19 世纪的早期资本主义时期，工业化的快速发展和阶级矛盾的加剧也催生着一系列社会科学的发展，公共管理学便是当时正在孕育的学科之一。纵观马克思的一生，虽然他并未留下关于公共管理的专门著作，然而，不可否认在论述资本主义政治、经济、社会等问题时蕴含着丰富的公共管理思想，这在《伦敦来信》《集权与自由》《关于现代国家的著作的计划草稿》《<论俄国的社会问题>跋》《资本论》《法兰西内战》等文献中充分体现出来。① 综合来看，马克思主义公共管理思想以历史唯物主义为方法论，是其国家学说和政权建设学说的核心内容之一，认为社会主义政府的本质是人民当家作主，行政是国家的组织活动，与本课题研究主题相关的理论观点主要有：②

（一）马克思主义关于政府职能的基本理论

马克思、恩格斯等经典作家深刻剖析了资本主义生产方式的内在矛盾，分析了市场失灵问题，在诠析社会公共需求基础上，提出了政府职能理论，并对可能发生的政府失灵问题也进行了关注。

其一，分析资本主义市场失灵问题。西方古典经济学家将自由市场视为资源配置的最佳方式，认为只要是市场能够发挥作用的领域，就不需要政府的介入，政府只不过是市场机制的补充而已。对此，马克思进行了有力的批判。马克思在《资本论》《贫困的哲学》等文中指出，在资本主义条件下未加以约束的自由竞争的市场会带来资本主义再生产的周期性运动——繁荣、衰退、危机、停滞、新的繁荣——周而复始，造成严重的经济危机。对于这种

---

① 曾峻.马克思恩格斯公共管理思想研究［J］.上海师范大学学报（哲学社会科学版），2012（7）：27-33.
② 唐铁汉.马克思主义公共管理思想原论［J］.新视野，2005（5）：4-7.

经济危机的发生根源，马克思指出资本家以攫取最大化的剩余价值为目的。剩余价值的生成是在生产领域，"只受社会生产力的限制"，资本家总是想扩大再生产，生产尽可能多的商品以期获得尽可能多的剩余价值。然而剩余价值并不会自发实现，其必须通过商品进入流通领域才能实现，这就要"受不同生产部门的比例和社会消费力的限制。社会消费力……取决于以对抗性的分配关系为基础的消费力；这种分配关系，使社会上大多数人的消费缩小到只能在相当狭小的界限以内变动的最低限度"①，也就是说无限扩大的生产与有限的消费能力之间的矛盾导致了资本主义经济危机。很显然，在一定条件下，自由市场并没有起到资源优化配置的作用，反而导致了宏观经济的波动。

其二，诠析社会公共需求问题。马克思主义经典作家认为政府的一个十分重要的职能是满足社会公共需求，从而维持社会正常运行。马克思将任何社会的劳动分为两个部分，一部分产品用于个人的消费，另一部分产品则是生产者及其家属消费之外的一般的社会需要。政府应当秉持公共主义，为全体社会成员谋利益，满足其福利需要、教育需要与发展需要，要着力"改变到现在为止一切分担得不公平的赋税""采取普遍的资本累进税"；"由国家出资对一切儿童毫无例外地实行普遍教育"②，这些即为"一般的社会需要"，也就是通过满足社会公共需要，从而实现每个人自由而全面的发展。

其三，阐述了政府职能问题。马克思主义经典作家认为，政府职能具有双重性：一是政治统治职能。这是政府的特殊职能，以国家强制力为后盾，维护统治阶级的利益。二是公共事务管理职能。大量公共事务的存在，则需要政府代表一定的公共利益，履行一定的公共职能，保持社会公共需求的满足和社会的正常运转。即便在奴隶社会和封建社会，政府也在承担着一些公共职能，例如，印度和波斯的政府为了发展农业，就从事了河谷灌溉工作。在19世纪的欧美资本主义社会，政府履行着公共经济、公共事业管理和国有化、财政支出的公共性等方面的职能，以保证资本主义社会化大生产的顺利进行。马克思强调，"一切一般的、共同的生产条件——只要它们还不能由资本本身在资本的条件下创造出来——必须由国家收入的一部分来支付，由国库来支付，（创造共同生产条件的）工人而不是生产工人，尽管他们提高了资

---

① 马克思恩格斯全集：第25卷［M］.北京：人民出版社，1974：272–273.
② 马克思恩格斯列宁斯大林论社会主义［M］.北京：人民出版社，1958：9–11.

本的生产力。"① 恩格斯也在《社会主义从空想到科学的发展》中描述了当时欧洲一些国家将铁路、电报、邮政等公共设施国有化的情况。在社会主义国家，政府更应当承担起政府公共职能。马克思在《哥达纲领批判》中认为在进行劳动者分配之前，应进行社会必要的扣除，满足公共管理的需要。社会必要的扣除包括"一是用来补偿消费掉的生产资料的部分；二是用来扩大再生产的追加部分；三是用来应付不幸事故、自然灾害等的后备基金或保险基金；四是和生产没有直接关系的一般管理费用；五是用来满足共同需要的部分，如学校、保健设施等；六是为丧失劳动能力的人等设立的基金"②。在以上六种社会必要扣除中，"后备基金或保险基金""一般管理费用""学校、保健设施""为丧失劳动能力的人等设立的基金"等职能由政府所承担。

其四，评析了政府失灵问题。马克思主义经典作家认为，政府很可能面临政府失灵的问题，主要体现为以下三种情况：首先，政府有可能成为特殊利益集团，与产生它们的人民形成对立。政府是由社会分化出来的，是一定阶级利益的代表者，维护阶级利益。通常，国家与政府也往往会扩大自己执政的社会基础，通过维护公共利益从而巩固自身的统治地位。但是由人民群众选出来的这些国家公职人员，也有可能出于自身利益、部门利益或其他利益考量而放弃选民的公共意志，转而滥用职权，成为特殊利益群体的代表，日益脱离群众，凌驾于社会之上，由人民的公仆变为人民的主人。针对这种政府失灵问题，恩格斯曾经指出要能确保所产生的官员随时被撤换。其次，政府有可能随意地不正当地干预市场的正常运行。马克思曾经在论述政府权力与财产关系时说，资本主义国家政府有时候为了特殊利益，会利用自身掌握的权力，通过随意征税、没收财产、经济特权等方式影响"财产"，影响市场经济的正常运行。最后，政府有可能陷入财政支出不断膨胀的境地。巩固政治统治的要求以及不断增长的公共事物，另外加上可能存在的政府、政府部门和职员特殊的利益需求，使得财政支出越来越高，对财政收入的需求也不断提高。"为了维持这种公共权力，就需要公民缴纳捐税了……随着文明的发展，甚至捐税也不够了；国家还发行期票、借债，即发行公债。……官吏既掌握着公共权力和征税权，他们就成为社会机关而凌驾于社会之上。"③

① 马克思恩格斯全集：第46卷［M］.北京：人民出版社，1995：26–27.
② 马克思恩格斯全集：第3卷［M］.北京：人民出版社，1995：302–303.
③ 马克思恩格斯文选：第2卷［M］.北京：人民出版社，1963：318.

（二）马克思主义关于中央与地方权限划分的理论

马克思主义经典作家立足历史唯物主义视角，探讨了现代化起步阶段和稳步发展时期的中央集权与地方自治的相关问题，得出一系列有价值的观点。主要体现在：

其一，在西方现代化起步和民族国家形成时期，中央集权制是历史的进步。"西欧16世纪和17世纪的科学革命、17世纪和18世纪的政治革命以及18世纪末和19世纪初的工业革命，拉开了世界现代化的历史序幕。"① 在此之前，欧洲处于封建割据时代，存在着上千个公国、伯国、城邦、主教国家和庄园国家，当时欧洲的版图曾被称为是"一条政治上杂乱拼缝的坐褥"。随着生产力的发展，欧洲的封建割据局面越来越成为资本主义经济发展的严重障碍。"德国的小城邦割据状况及其形形色色的工商业立法，必然很快就变成了束缚这种猛烈增长的工业以及与此相联系的商业的一种不堪忍受的桎梏"②，而且各个封建主之间经常为争夺领土和权力而发生战争，造成生产力长期处于低水平徘徊状态。面对这种局面，马克思主义经典作家认为，随着资本主义的发展，人口、生产资料分散的局面将逐渐改变，财产集中到少数人手中。工商业的发展最终也将促成政治上的变迁，带来中央集权制，构成了民族国家的生命线。中央集权制不仅有利于资本主义工商业的发展，而且也有利于无产阶级的发展壮大和联合。"民主主义的无产阶级不仅需要资产阶级最初实现的那种中央集权，而且还应当使这种中央集权在更大的范围内得到实行。""民主主义的无产阶级如果要重新确立自己的统治，就应当不仅使各个国家也都中央集权化，而且应当尽快地使所有文明国家统一起来。"③

其二，中央集权制是否具有合理性、积极性和进步性，取决于其是否能够推动经济发展和社会进步。以此为标准，马克思、恩格斯曾经分析过西欧中世纪后期的君主专制式的中央集权制，认为其具有一定历史的积极作用。然而，当这种中央集权制成为商品经济发展的障碍时，则毫无疑问呈现出了落后性和腐朽性。"君主专制到处都成了工商业（它们正在成为已经很强大的资产阶级手中日益可怕的武器）发展道路上的障碍"④，应该予以摒弃，"现代

---

① 西里尔·E.布莱克等著.日本和俄国的现代化［M］.北京：商务印书馆，1992：21.
② 马克思恩格斯全集：第21卷［M］.北京：人民出版社，1965：465.
③ 马克思恩格斯全集：第7卷［M］.北京：人民出版社，1959：387.
④ 马克思恩格斯全集：第4卷［M］.北京：人民出版社，1958：341–342.

社会所需要的国家中央集权制，只能在和封建制度斗争中锻炼出来的军事官僚政府机器的废墟上建立起来。"①

其三，提倡民主共和基础上的中央集权制，同时肯定地方自治的积极价值。马克思主义经典作家所提倡的中央集权制是民主共和基础上的中央集权制，而并不是君主专制式的中央集权制，"并不意味着某个孤家寡人就是国家的中心"②。它并不是包管着整个社会的一切，它的管辖范围是有限的，"包括一切被认为是有普遍意义的事情，而涉及这个或那个人的事情则不在内。由此产生了国家的中央政权有权颁布法律，统率管理机关，任命国家官吏，等等"③。在认可、提倡中央集权制基础上，马克思主义经典作家认为中央集权制与地方自治之间并不相矛盾，地方自治有着积极的价值。"地方的和省区的自治制虽然不与政治的和民族的中央集权制相抵触，然而它也并不一定与狭隘的、县区的或乡镇的利己主义联在一起。"④

列宁是社会主义理论的伟大实践者，他在探讨国家建设问题上，在处理中央与地方关系问题上，强调要实行民主集中制。列宁强调，民主集中制是民主基础上的集中和集中指导下的民主相结合。民主并不反对集中，民主的反义词是专制；集中也并不反对民主，集中的反义词是分散。苏维埃政府必须遵循民主集中制原则，在中央统一领导下运行，下级必须服从上级，同时下级在执行命令时候，不是僵化地执行，而是应当结合地方情况，发挥地方的主动性和积极性。⑤至于集中，列宁强调，为了苏维埃政府的执政稳定性，为了整合和代表无产阶级的利益，必须实行集中制。列宁在《国家与革命》中提出了两种集中制，即：官僚主义的集中制和自愿的集中制即民主集中制。列宁主张的是后者。他认为"真正民主意义上的集中制的前提是历史上第一次造成的这样一种可能性，就是不仅使地方的特点，而且使地方的首创性、主动精神和达到总目标的各种不同的途径、方式和方法，都能充分地顺利地发展。"⑥

中国化马克思主义理论家和实践家也十分重视中央与地方的权限问题。

① 马克思恩格斯选集：第 1 卷 [M].北京：人民出版社，1995：684.
② 马克思恩格斯全集：第 41 卷 [M].北京：人民出版社，1982：397.
③ 马克思恩格斯全集：第 41 卷 [M].北京：人民出版社，1982：396.
④ 马克思恩格斯全集：第 7 卷 [M].北京：人民出版社，1982：396.
⑤ 辛向阳.大国诸侯：中国中央与地方关系之结 [M].北京：中国社会出版社，1995：470–472.
⑥ 列宁全集：第 34 卷 [M].北京：人民出版社，1985：140.

　　毛泽东作为第一代领导集体的核心，在治国理政过程中积极吸取苏联的经验教训，同时结合中国的历史和时代国情，积极探索一条适合自己的道路，这集中体现在《论十大关系》一文中。关于中央与地方关系，毛泽东提出了中央政府与地方政府的分权以及各个层级地方政府间分权的问题。其一，中央政府与地方政府的分权。毛泽东认为要在巩固中央政府领导权威和领导力的基础上，根据地方复杂的情况，充分发挥地方政府的自主性，激发其积极性。毛泽东强调，在我们这样一个大国，想尽快建设社会主义的又富又强的国家，必须保持全国统一计划和统一纪律，必须保障国家的统一领导。然而，这并不意味着不给地方相应的处理相关事务的权力，要积极吸取苏联建设的经验，"不能像苏联那样，把什么都集中到中央，把地方卡得死死的，一点机动权也没有。"针对这一问题，"有些资本主义国家也是很注意的。它们的制度和我们的制度根本不同，但是它们发展的经验，还是值得我们研究。"我国又是人口大国、各地间情况差别很大，"各地都要有适合当地情况的特殊。这种特殊不是高岗的那种特殊，而是为了整体利益，为了加强全国统一所必要的特殊"①。应当明确，毛泽东对地方积极性的尊重和保护的思想，绝不等同于地方利益中心主义的地方主义思想，而是服务于整体利益的思想。其二，各个层级地方政府间分权。毛泽东也关注了发挥各层级地方政府积极性的问题，"省市也要注意发挥地、县、区、乡的积极性，都不能够框得太死"②。当然，很可惜，由于当时紧张的国内外局势，第一代领导集体的改革事业未能完全成功，不过其思想智慧仍然启迪着今天的战略和政策者。

　　邓小平同志作为改革开放的总设计师，也对中央与地方合理分权问题进行了探讨，成为邓小平行政体制改革理论的重要组成部分，对社会主义现代化国家管理体系意义重大。邓小平首先深刻剖析了中央高度集权的管理体制的严重弊端，认为个别领导者的过分集权，会"使个人凌驾于组织之上，组织成为个人的工具"③；权力过分集中也会导致党内民主失衡、破坏集体领导，助长机关部门的官僚主义作风，助长各类歪风邪气；权力过分集中也会破坏社会主义法制。针对这种情况，邓小平指出"权力过分集中，越来越不能适应社会主义事业的法制。对这个问题长期没有足够的认识，成为发生'文化

---

① 毛泽东选集：第 5 卷［M］.北京：人民出版社，1977：276.
② 毛泽东选集：第 5 卷［M］.北京：人民出版社，1977：277.
③ 邓小平文选：第 2 卷［M］.北京：人民出版社，329.

大革命'的一个重要原因，使我们付出了沉重的代价。现在再也不能不解决了。"对此，邓小平提出了一系列的改革方案：一，妥善处理好领导者个人与集体领导的关系。"在党内生活和国家政治生活中，要真正实行民主集中制和集体领导。一言堂、个人说了算，集体做了决定少数人不执行等毛病，都要坚持纠正。"① 二，党政分开。这主要是针对党政不分、以党代政问题而提出来的，旨在加强和改进党的领导。党应当立足政治性职能的定位，将行政工作交给政府和企事业单位来完成，以更好完成自己的本职使命。"党的领导机关除了掌握方针政策和决定重要干部的使用以外，要腾出主要的时间和精力来做思想政治工作，做人的工作，做群众工作。"② 三，国家权力向下放。邓小平针对我国经济管理体制高度集权的情况，又针对"我国有这么多省、市、自治区，一个中等的省相当于欧洲的一个大国"③的国情，主张权力要大胆地下放，既包括中央向地方的授权，也包括各级地方政府之间的权力下放，在经济机会、外贸等方面给以更多的自主权，"充分发挥国家、地方、企业和劳动者个人四个方面的积极性"④。四，政企分开、政事分开。过去，我们国家在处理中央地方关系问题时，面临着一放就乱、一收就死的问题，很重要的原因是由于"每次都没有涉及党同政府、经济组织、群众团体等等之间如何划分职权范围的问题"⑤，"扩大企业自主权，这一条无论如何要坚持，这有利于发展生产。过去我们统得太死，很不利于发展经济。"⑥ 五，向群众释放恰当权力，保障民主选举、民主管理和民主监督。"把权力下放给基层和人民，在农村就是下放给农民，这就是最大的民主。我们讲社会主义民主，这就是一个重要内容。"⑦ 这是我们社会主义国家本质的必然要求，是巩固共产党执政合法性的必然要求，也是我们赶超发达资本主义国家的必要举措。

（三）马克思主义关于廉价政府理论。"廉价政府"理论由资产阶级学者首先提出。马丁·路德在进行宗教改革时，曾经针对过去神权政治疯狂敛财的现象进行了严厉的批评，呼吁建立"廉价教会""廉价政府"。空想社会主

---

① 邓小平文选：第 2 卷［M］. 北京：人民出版社，360.
② 邓小平文选：第 2 卷［M］. 北京：人民出版社，329.
③ 邓小平文选：第 2 卷［M］. 北京：人民出版社，145–146.
④ 同③。
⑤ 邓小平文选：第 2 卷［M］. 北京：人民出版社，329.
⑥ 邓小平文选：第 2 卷［M］. 北京：人民出版社，200.
⑦ 邓小平文选：第 3 卷［M］. 北京：人民出版社，160.

义学者也关注了政府运行的成本问题，认为既有政府很大程度上在千方百计征税，以维护自己的统治，而这与公众所期待的廉价政府是相悖的。针对这种观点，马克思、恩格斯是高度赞赏的，并针对社会主义共和国的试验——巴黎公社进行了论述。在《法兰西内战》中，马克思、恩格斯认为，资产阶级政府是"巨额国债和苛捐重税的温床"，是"统治阶级中各个争权夺利的党派和冒险家彼此争夺的对象"①，显然是带有批评性质的。马克思指出在公社制度普遍建立起来后，"那时还会留给中央政府的为数不多然而非常重要的职能"②应当交给严格负责任的政府公务人员来承担，而且他们要接受监督，是人民的公仆，不管职位高低，"只应领取相当于工人工资的薪金"③。社会主义政府"敲响了政府官员、僧侣、穷兵黩武分子、官僚政治、剥削制度、投机商、垄断商和特权阶层的丧钟"④。"公社一定会使农民免除血税，一定会给他们一个廉价政府。"⑤显然，在马克思主义理论视域中，廉价政府成为社会主义性质政府的必然要求。

（四）马克思主义关于政府管理原则、方式与方法的理论

马克思主义经典作家除了重视政府职能、中央地方权限划分、廉价政府等宏观政府管理理论之外，也对政府管理原则、方式、方法等微观政府管理理论予以了关注。一，提出衡量政府管理效率的标准。列宁认为，衡量一个政府机构行政效率高低的根本标准应当是"劳动生产率"，即在一定时期内政府机关迅速有效完成政府工作量的效率。为此，列宁强调，要确保每个政府管理人员有较高的管理能力。二，提高政府行政效率的方法。列宁认为应当是包括行政责任制、奖励、压缩编制、降低行政性耗损等，同时要积极学习西方的管理科学。行政责任制是在坚持集体权威领导的前提下，在执行过程中所构建的责任制度，有利于确保政策决议的落实；奖励制度也可以提高工作人员积极性，提高行政效能，列宁认为可以推广到一切苏维埃职员的所有工资当中去。对于无效的工作人员、无效的行政事宜，列宁主张精兵简政，压缩编制、降低行政耗损。当时马克思主义经典作家所处的时代正值资本主

①　马克思恩格斯选集：第2卷［M］.北京：人民出版社，1972：372.
②　马克思恩格斯选集：第2卷［M］.北京：人民出版社，1972：376.
③　马克思恩格斯选集：第2［M］.卷［M］.北京：人民出版社，1972：438.
④　罗新璋.巴黎公社公告集［M］.上海：上海人民出版社，1978：126.
⑤　马克思恩格斯选集：第2卷［M］.北京：人民出版社，1972：381.

义的蓬勃上升期，随着工业化的演进，产生了泰罗制等西方管理科学，并被应用到了工厂当中来。对此，列宁报以辩证分析的开放态度，认为这些管理方法存在社会属性和自然属性，要认真评析，并认为社会主义政府可以积极吸取这些管理科学，为社会主义政府所用。三，提出政府管理所遵循的原则。法律至上和管理民主化是马克思主义经典作家所积极倡导的原则。恩格斯认为，任何政党和政府都需要将反映其统治意志的法律被社会所公认，以此保障自己的合法性地位。每个政府公务人员也应当依法行政，履行自己的职能。法律的目的是保障公民的自由，将公民的自由制度化、普遍化，而不受个人意志的支配，要力求实现"自由的法律"和"法律的自由"相统一。管理民主化也是社会主义政府管理所必需的原则，要克服官僚主义制度，确保每个公民政治参与的平等地位，能够选举出代表自己意志的国家机关，同时确保公众能够对政府进行自下而上的有效监督。可以说，管理民主化是社会主义国家政权的最本质特征。

二、思想借鉴：西方学界政府管理智慧

（一）公共行政组织理论

公共行政组织理论是关于公共行政组织问题的系统观点和规律性认识，是用来说明、预测、控制行政组织现象的原理。[①]在本课题研究中，涉及的公共行政组织理论主要有：

其一，公共行政组织管理的基本原理。管理原理是指在管理实践过程中，通过对管理工作的科学分析和总结所形成的具有普遍指导价值的基本规律。管理原理类似于自然界当中的"自然规律"，所解决的是管理"是什么"的问题。掌握管理原理，能够迅速找到解决问题的思路和方法，提高工作的科学性。一般来说，组织的管理原理主要有四点：一是系统原理。任何一个组织都是由人、财、物、信息、时间所构成的一个系统，组织的管理也就是对系统的管理。系统原理是指组织内各要素之间和要素与整体之间的协调，要局部服从整体，从而使得效果最优化；组织的系统是开放的，与外部进行着能量、信息等的交换，而且只有当输入大于输出时，组织才会发展；随着环

---

① 唐铁汉.中国公共管理的重大理论与实践创新［M］.北京：北京大学出版社，2007：194.

境的不断发展变化，系统也会随之变化，积极适应外部环境；组织的目标上也会存在多元目标，解决方案也是多元化的。二是人本原理。组织的正常运转、荣辱兴衰离不开人，而且组织发展是为了人。首先，尊重人。组织当中人的地位经历了科学管理理论时期"要素"的阶段、行为科学理论时期"客体"的阶段，在20世纪七八十年代，逐渐又提升到了"主体"的阶段。其次，依靠人。组织目标的达成，离不开人的积极参与。因此，是否人尽其才、是否人际关系良好、是否组织结构合理这些都会影响着组织目标的效果。最后，发展人、为了人。组织最终目标不仅是获得效益，最根本目的应当是满足人的需求、服务于人的自由而全面发展，对于带有公共属性的公共行政组织而言，更是如此。三是责任原理。为了实现组织的高效率运转，必须进行责任的分配与管控。明确组织中每个人的职责，职责要界定明晰，也要处理好横向人际责任和关系问题；组织当中职位的设计和权限委授要合理，做到人尽其才、物尽其用；公正及时的进行奖罚，矫正组织的越轨行为，以更好实现组织目标。四是社会效益原理。公共行政组织的管理活动以追求社会效益为目标，解决公共管理问题，提供公共服务。在社会效益评价上，要充分认识首长评价、专家评价、群众评价等的利弊，尽可能得到客观评判。

　　其二，公共行政组织管理模式。这事实上涉及的是组织设计的问题，即对组织当中的管理人员进行的横向、纵向上的分工。一般来说，组织设计要遵循因事设职因人设职相结合的原则、权责对等原则、命令统一原则，受到组织战略、技术、发展阶段、规模、外部环境等因素的影响，恰当处理好集权与分权的问题。具体到公共行政组织，在改革过程中，大致形成了两种公共行政组织模式。一是以部门为中心的公共组织模式。以马克斯·韦伯的官僚制行政组织理论为基础，也称为"科层组织"。主要体现为进行合理的分工、分层级的权力体系；按章办事的政府工作流程、管理中的非人格化等。现实当中的国家和政府以部门为基本的构建模块，一般不超过15个部门。二是代理机构模式。这种模式是20世纪70年代末随着公共管理理论的兴起而出现的。这种模式主要是基于政府规模过大、政府干预过多等现实问题以及官僚制组织中存在的墨守成规、不尊重人、不注重社会变迁等弊病而提出来的。当前，各国的理论和实践探索主要有：实行大部制领导体制、决策和执行职能分开，采用合同制管理方法；合理划分政府机构、私人部门与非政府组织的关系；强调多样化的行政组织、扁平化的组织结构和绩效导向的组织文化。

其三，公共行政组织管理方法。管理方法是管理过程中为保障管理目标的实现所采用的各种方案和措施。管理原理、管理组织作用的发挥必须通过管理方法才能够落实。按照管理信息沟通的特征来看，管理方法主要分为三种，权威性沟通管理方法、利益性管理方法、真理性管理方法。权威性沟通管理方法所依靠的往往是政府的强制力，强调正式组织的职责、职权、职位，具有权威性、相对稳定性。其下分为行政方法和法律方法，二者明显的不同之处在于法律方法具有抽象性，它是关于"规则"的制定，而行政方法则强调具体性，往往针对某一或某些行政行为来进行管理。利益性管理方法是指贯彻物质利益原则，利用经济手段来调节不同利益群体关系和行为。例如，价格、信贷、税收、工资、奖金、罚款。真理性管理方法则是指通过提高被管理者的思想道德水平和科学文化素养，内化于心，提高主观能动性，以此提高管理效率，也称为教育管理方法。教育管理方法要求较高，不仅要求教育内容要科学合理，而且对教育者自身的素养、教育方式提出较高的要求。教育方法运用过程中，要注意思想教育与业务工作不要脱节，这样才能取得更佳的效果。

（二）交易成本理论

交易成本（Transaction Costs）理论主要关注个人与个人间、组织与组织间、个人与组织间彼此合作达成交易所需要支付的成本及其节约问题，其以追求效率为核心。与生产成本的人—物关系不同，交易成本指的是人—人关系成本，只要有人的互动交往活动，便会产生交易成本，管理活动一定程度上也是为了节约交易成本。交易成本理论的提出者是诺贝尔经济学家科斯（Coase R H，1937），反映在其代表作《企业的性质》当中，其根本论点在于对企业的本质加以解释。科斯是在美国调研"产业为什么以不同的方式组织起来"问题时候提出交易成本概念的。他认为交易费用是企业产生的根源，企业存在的原因是企业组织能够用较低的交易成本来代替较高费用的市场交易成本。后来，经过威廉姆森（Williamson，1975）等人的努力，形成了较为完备的理论体系，交易成本理论也由经济学领域逐渐应用到了政治学、社会学等领域中。交易成本理论当中，常涉问题有：

交易成本分类。由于组织的任何交往活动都会产生交易成本，它是不断发生变化的，因此很难对交易成本进行全面的梳理和分类，但大致的分类主要有（Williamson，1975）：搜集成本，为商品本身信息和交易对象信息的搜集而形成的成本；信息成本，为和交易对象进行交易时获取交换彼此信息的成本；议价成本，为达成交易而在商品价格、质量等方面讨价还价而形成的成本；决策成本，为交易达成进行决策、签订契约所付出的相关成本；监督成本，为契约签订后对履约行为所进行的监督行为所付出的成本；违约成本，违约行为所产生的一系列事后成本。后来，威廉姆森在之前的分类基础上又进行了分类研究，他认为事前交易成本包括信息搜集与整理成本、议价成本、决策成本、监督成本等；事后交易成本则包括：适应性成本，即双方履约过程中对契约规范的适应性成本；讨价还价成本，即交易双方为处理适应不适行为所进行调试而发生的讨价还价行为所发生的成本；建构及营运成本，即双方为解决履约过程中的纠纷而产生的成本，等等。

交易成本产生的原因。交易成本产生的原因主要包括：一是有限理性。进行交易活动的双方，由于智力、情感、身体等各方面的原因，不能达到绝对理性科学的程度，不能够提供最优化的问题解决方案。二是投机主义。交易活动的双方为了追求自身利益最大化采取欺诈、掩藏信息、搭便车、上有政策下有对策等投机主义行为。三是不确定性与复杂性。交易的外部环境是处于不断变化的，具有不确定性。交易双方显然也会在交易过程中考虑这些变动环境的因素，将其纳入谈判过程当中，为更好应对可能出现的情况而提出预备方案甚至在当前的决策当中即反映出预备方案，这也无疑会增加交易成本。四是少数交易。由于所交易商品本身的专属性或者异质性，使得交易对象选择范围大大缩小，可能造成成本的增加。五是信息不对称。信息是现代组织行为所必不可少的要素之一，在各种原因的作用下，交易双方所拥有的信息量和信息质量很可能是不相对称的，无疑也会给交易造成额外的成本。六是气氛。交易双方之间的信任程度高低，也将决定着交易的效率、效果。

（三）协同发展学说

协同发展学说是研究开放系统通过内部诸多子系统之间的协同作用，最终实现系统由无序到有序结构的机理和条件的学说体系，隶属于自组织理论，由德国学者哈肯（Hermann Haken）提出。课题相关的协同发展学说观点主要有：第一，这里所提到的系统包括自然界的、社会界的各类不同性质的系统，它们都是开放性的组织体系。第二，自组织是各种性质的系统自身所具备的，能够自主地、自发地相互作用实现系统在时间、空间、功能上的无序到有序、不平衡到平衡，或形成新的体系结构或者新的功能。第三，自组织系统的形成是由于系统内部各子系统之间合作形成的序参量所导致的，而通过改变控制参量，则可以促进系统自组织的形成。

三、理论资源适用性审思评价

管理具有两重性，即自然属性和社会属性，公共管理实践同样如此。自然属性是指管理活动的产生是人类社会活动的客观需求，当前管理活动越来越趋于专职化，管理也能起到促进生产力的作用。管理的社会属性则是指管理是为一定生产资料占有者、是为社会的统治阶级服务的，是一定社会生产关系的外部表现。作为社会主义国家政府，我国的政府管理活动要服务于政治统治的要求，要在符合国家根本性质、国家制度框架内展开，马克思主义政府职能和权限配置理论毫无疑问是我们应当坚持的主导性思想。对于马克思主义政府职能和权限配置理论，今天在运用时候也要考虑适用性的问题。因为当下中国应用的时间、空间、社会性质、发展程度、历史传统、科技水平、公众素质、国际局势等均与马克思主义经典作家生活的时代和国度有着明显的区别，很多具体的理论观点不可避免地出现过时、水土不服的问题，这就需要我们坚持实事求是的指导思想，做到马克思主义中国化、时代化。但是也要意识到，马克思主义政府职能和权限配置理论是一个开放性的理论体系，马克思主义经典作家相关理论也是在汲取了西方自然科学和社会科学智慧基础上才提出和发展的，对此，马克思主义经典作家并非避而不谈，反而告诫读者尊重他人研究，不要故步自封。因此，对于社会主义政府管理理论，我们同样要积极汲取西方管理科学智慧，结合我国国情，取长补短、相互借鉴，以便能够更好地指导社会实践的发展。针对跨区域绿色治理府际合作中国家权力纵向嵌入机制研究议题，上述理论资源可以提供较好的指导意义。

马克思主义关于政府职能理论阐述了市场失灵问题，分析了社会公共需求及政府应当履行的两类职能以及可能发生的政府失灵现象。对此，一方面，该理论事实上指出了跨区域绿色治理作为社会公共需求，隶属于政府职能范畴，其治理绩效也将直接关系到执政合法性等根本问题；另一方面，该理论也从侧面向我们呈现了解决跨区域绿色治理问题可依赖的三个主体——市场、政府、社会，并分析了各类主体的权限、利弊得失，可以为当前跨区域绿色治理多元主体及其之间协同的达成提供治理的思路。西方公共行政组织管理模式理论向我们呈现了西方政府管理改革的历程，由以部门为中心的公共组织模式向代理机构模式转变，后者成为各国治理的主流并取得很大成效。可见与马克思主义政府职能理论的产生国情有重合的部分，理论观点也可以相互借鉴，为当前跨区域绿色治理中政府职能界定和调试提供理论指导。

马克思主义关于中央与地方权限划分的理论介绍了中央集权制形成的背景、历史地位、评价与地方自治的重要性，协同发展学说则论述了子系统的自组织原理和过程，这两部分理论一个是历史唯物主义方法论总结和探讨的结果，另一个则充斥着自然科学和哲学的范式；一个更倾向于实证和理论思辨的交织，一个更倾向于理论的推演；一个是自上而下式的权力介入实践和研究向度，另一个则恰好相反。探讨两者之间可以相互印证、相互借鉴，为跨区域绿色治理府际间合作模式的评价、选择、改进提供指导性原则。

马克思主义关于廉价政府理论给社会主义性质政府提出了一个刚性要求，即尽可能减少用于行政管理活动的成本，同时，尽可能保证公共管理绩效的稳定甚至提高，这也成为当前我国政府管理体系应当着力努力的方向。然而由于研究偏重点以及时代、自身经历局限性等原因，马克思主义关于廉价政府理论更多的是宏观的、原则性的探讨，对于政府成本到底有哪些，怎样降低成本等问题并未做细致深入的研究。而西方的交易成本理论则恰好可以弥补这一不足，交易成本理论细分了交易成本的类型、产生原因等，从微观上可以对跨区域绿色治理府际合作中国家权力纵向嵌入的时机、程度产生具体的指导意义。具体到本研究议题，可以归纳出跨区域绿色治理府际合作交易费用的影响因素主要包括：跨区域绿色治理合作性质、跨区域绿色治理合作风险、不同区域间差异化程度、治理权力分配的分散程度①、跨区域绿色治理合作软力量等五个方面，具体如下：

其一，跨区域绿色治理合作性质。跨区域绿色治理合作性质表明该项合作包含哪些参与者、参与者的数量、需要解决什么样的问题以及用什么样的

---

① 邢华.我国区域合作治理困境与纵向嵌入式治理机制选择［J］.政治学研究，2014（5）：37-50.

治理方式来解决这一问题。一者，跨区域绿色治理合作所涉及的主体数量和所关注问题的复杂性程度因素。在一般情况下，治理所参与主体的数目越多、参与者的种类越多，所涉及的交易成本越会随之上升。在跨区域绿色治理中，是单纯政府间合作，还是企业、非政府组织、公众均参与到其中来，多元主体协同治理的方式如何，这些均会影响到交易成本的高低。而绿色治理议题，到底是环境污染治理还是环境隐患的解除、是生态退化的改良还是绿色贫困的解决、是单一性问题还是与其他问题混生性问题、是临时性问题还是持久性问题、是历史遗留问题还是新生问题等等，不同的情况所造成的交易成本高低是不一致的。二者，跨区域绿色治理的方式选择。通常治理的方式有三大类：依赖社会人际网络的网络介入方式、依赖自愿性协议的契约介入方式和依赖纵向权力的政治权力介入方式，三者交易成本也是不同的，呈现不断递增的趋势。

其二，跨区域绿色治理合作风险。主要包括三种：其一，沟通协调风险，这种风险是在所关注解决的环境议题涉及多个主体，关联度较高的时候出现，不同议题所涉及的主体间沟通协调的风险较大；利益分配风险主要出现在利益分配难以合理之时，容易导致多方利益群体的争议；而各方由于自身利益存在等原因，导致"搭便车""机会主义行为"等，这是监督执行风险产生的重要因素。

其三，不同区域间差异化程度。在通常情况下，其与交易成本呈现正相关性。当区域间差异化程度较低时，也就是同质性较强的时候，尤其是存在着较为接近甚至一样的目标和任务时，不同政府间是很容易达成一致意志和行动的，交易成本自然维持在一个较低的水平。反之，则较高。不同区域间的差异化主要包括：一是人口资源环境禀赋差异化，即各区域行政区的面积、人口、主体功能区类型等差异化情况；二是经济发展程度，是欠发达地区、还是发达地区、还是欠发达和发达地区共存区域，很大程度上影响着治理的财政支出情况；三是区域政府间行政级别的异质化程度，是中央直辖市区域还是普通省制区域；是民族自治区域抑或特殊行政区域，不同的行政级别意味着在相互合作中的话语权是不一样的，等等。

其四，绿色治理权力的集中性程度。通常情况下，绿色治理的权力集中度高，权力集中于某一或较少部门中，则面临的交易成本较低，权力更容易发挥作用。反而，当权力较为分散时候，各自为政、九龙治水，则会严重羁绊治理的效果。

其五，跨区域绿色治理合作软力量。一者，历史文化因素。在古代中国，我国特别注重大一统的中央集权，行政权力向上集中，而事必躬亲更是成为勤政的典范。中国古代的集权、分权意识不可避免影响着今天执政集团的治理理念和行为。二者，非正式协调结构因素。在中国社会背景下，关系、面子、熟人、人情、圈子等非正式协调结构因素客观存在着，并在一定程度上影响着稀缺资源的分配，助推着不同区域间发展的不平衡，各地均积极笼络人际资源态势，会在一定程度上弱化正式权力的分配及运行。三者，公众生态文明素养。在生态环境破坏现象客观存在且治理技术相对稳定的背景下，公众的生态文明素养直接影响着社会舆论压力的生成。社会舆论压力的高低会直接影响着跨区域绿色治理行动的缓急轻重。

马克思主义关于政府管理原则、方式与方法的理论阐述了政府管理效率的衡量标准以及具体方法，与西方公共行政组织管理方法相得益彰。一方面，为我们认识跨区域绿色治理这一中国特色的公共管理实践提供了分类学上的参考，另一方面对于各种管理方法也予以了评析，认清了各类方法使用的情境、利弊，可以为跨区域绿色治理中国家权力纵向嵌入方式的选择提供指导。

综之，马克思主义政府职能和权力配置思想、西方学界政府管理智慧可以为跨区域绿色治理中府际合作中国家权力纵向嵌入机制议题的研究提供扎实的理论基础。在研究过程中，要坚持历史唯物主义和辩证唯物主义方法论为指导，做到马克思主义相关理论的中国化、时代化，正确看待其历史局限性。对于西方智慧则要分清其两重属性，结合中国国情补益指导思想，更好指导实践。在实践发展过程中，也要注重理论联系实际，实事求是，在实践中检验和发展理论，助推中国特色哲学社会科学体系的构建。

第二节　跨区域绿色治理府际合作中国家权力纵向嵌入机制的分析框架

一、嵌入机制分析框架的提出

基于马克思主义政府职能和权力配置思想以及西方社会科学管理智慧，

本课题在此提出嵌入机制分析框架，即嵌入前提—嵌入行为—嵌入保障—嵌入结果分析框架，从这四个方面来探讨跨区域绿色治理府际合作中国家权力纵向嵌入机制。嵌入前提、嵌入行为、嵌入保障、嵌入结果四者之间并不是完全分开的，而是有机联系、相互作用的。

其一，嵌入前提分析的必要性。探讨跨区域绿色治理中国家权力纵向嵌入机制，首先应当探讨原点性问题，即政府行政权力的划分与配置问题。行政权力是行政管理活动的生命线，"是行政改革中最具内涵的变革因子"[①]。政府职责的分配，直接关系到行政权力乃至政治统治的合法性与正当性。尤其是当前我国正处于全面深化改革过程中，致力于构建国家治理体系和治理能力现代化，推进五位一体建设，其中行政权力的划分与配置已经成为当前全面深化改革所面临的核心问题之一，重要性不言而喻。马克思主义政府职能理论、西方公共行政组织管理模式理论可以为此提供理论基础和指导。其二，嵌入行为分析的必要性。嵌入行为的实施是理念与结果之间的桥梁与纽带，牵一发而动全身，直接关系着治理的成效，是本课题研究的主要议题。在这一部分当中，应当解决"纵向权力何时嵌入""嵌入程度如何""嵌入方式如何"等问题，力求使得研究成果具备可操作性。马克思主义权力配置理论、廉价政府理论、政府管理原则、方式与方法理论以及西方交易成本理论、协同发展学说可以为此提供理论基础和指导。其三，嵌入保障分析的必要性。跨区域绿色治理府际合作是一个系统工程，纵向权力的嵌入行为是否顺利、嵌入结果是否理想，除了嵌入前提也就是行政权力的划分与配置、嵌入行为之外，同样离不开嵌入的外部环境，即嵌入保障。嵌入保障可以成为嵌入机制顺利运行的土壤，也有必要对其进行科学审视。马克思主义系统论、协同发展学说可以为此提供理论基础和指导。其四，嵌入结果分析的必要性。嵌入结果是嵌入机制运行的目的，需要用科学的考核标准进行评价，反思嵌入机制过程当中存在的成绩及不足，以便为后续决策提供参考。马克思主义关于廉价政府理论、政府管理原则、方式与方法的理论等也可以提供部分理论基础和指导。

---

① 石佑启、陈咏梅.法治视野下行政权力合理配置研究［M］.北京：人民出版社，2016：1.

二、嵌入机制分析框架的内容

跨区域绿色治理府际合作中国家权力纵向嵌入机制分析框架包括嵌入前提、嵌入行为、嵌入保障、嵌入结果四个方面（图2-1）。跨区域绿色治理府际合作中国家权力纵向嵌入前提、行为、保障和结果是相互依赖、密切联系在一起的，形成一个闭路循环。

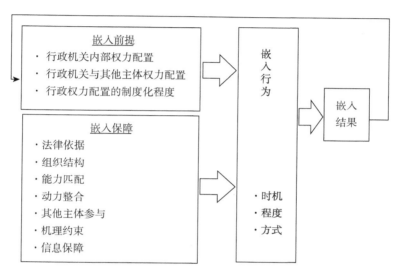

图2-1 "嵌入前提—嵌入行为—嵌入保障—嵌入结果"的分析框架

具体来说：其一，嵌入前提方面。科学划分与配置政府行政权力，实现多方利益诉求与治理法理性、科学性相结合，这是嵌入前提所要达成的目标。关于政府行政权力划分与配置，主要包括不同层级政府职责权限划分、政府权力部门化、地方政府之间职责界定等行政机关组织体系内部权力配置以及行政机关与其他主体之间的权力配置等问题。其二，嵌入行为方面。嵌入行为包括嵌入的时机、程度与方式，只有处理好这三个问题，才能取得良好的效果。在甄选嵌入的时机、程度时，应当遵循交易成本最小化原则，最大程度地减少行政成本；嵌入的方式上，选择有效的政策工具是实现治理目标的基本途径，[①]要结合中国特色公共治理实践，做出最恰当的匹配。其三，嵌入保障方面。跨区域绿色治理府际合作中国家权力纵向嵌入是个系统工程，其

---

① 陈振明.政策科学——公共政策分析导论（第二版）[M].北京：中国人民大学出版社，2003：192.

有效运行离不开完善的治理系统工程，需要在法律依据、组织结构、能力匹配、动力整合、多主体参与、激励约束、信息保障等方面进行有针对性的改进。法律依据是指法律能够在政府职责及权限配置、嵌入行为等方面的实体法和程序法的充分供给，使得有章可循，也是指确保有法可依、有法必依、执法必严、违法必究；组织结构是指能够提供跨区域绿色治理的管理机关；能力匹配则是指能为跨区域绿色治理府际合作中国家权力纵向嵌入提供财权、人事权、物资、宏观调控权；动力整合则是为跨区域绿色治理各方利益主体搭建利益表达和协调的平台；其他主体参与是指妥善处理多元主体在跨区域绿色治理参与中协同的问题；激励约束是指跨区域绿色治理府际合作中国家权力纵向嵌入的催化剂和纠偏机制，保障治理的动能和方向；信息保障则在跨区域绿色治理中发挥着基础性的作用。其四，嵌入结果分析。这是跨区域绿色治理府际合作中国家权力纵向嵌入的目标追求，应当服务于国家治理体系和治理能力现代化、构建服务型政府的目标，遵循效率效果并举、成本收益并重、标本兼治并抓的考核标准。

第三节　本章小结

本章阐述了马克思主义政府职能与权力配置思想、西方公共行政组织理论、交易成本理论及协同发展学说，并对其进行审思评价。借鉴这些理论，构建了跨区域绿色治理府际合作中国家权力纵向嵌入的分析框架，即"嵌入前提—嵌入行为—嵌入保障—嵌入结果"。嵌入前提解决的是科学划分与配置政府行政权力的问题；嵌入行为解决纵向权力嵌入的时机、程度、方式问题；嵌入保障则致力于为纵向权力嵌入提供一个良好的外部条件；嵌入结果则是前三者综合作用所导致的，符合科学合理的考核标准的嵌入结果是嵌入机制的目标追求。嵌入前提、嵌入行为、嵌入保障、嵌入结果四者之间相互依赖、密切联系，共同推进区域环境利益共同体的生成。

第三章 跨区域绿色治理府际合作概览及国家权力纵向嵌入现状与困境分析

第一节　跨区域绿色治理府际合作概览

一、跨区域绿色治理府际合作的动因

（一）跨区域合作全方位升级的客观需要

经济发展与生态环境保护紧密相联，环境库兹涅茨曲线是解释二者关系的有力分析框架。20 世纪 90 年代，美国经济学家格鲁斯曼等人对多国多年来部分污染物排放量以及经济发展数据指标进行统计分析，探究其中的紧密关系得出该曲线。该曲线反映出当一国经济社会发展水平相对较低时候，这里主要指的工业化程度相对较低，这时候环境污染程度也相对较低。当进入重化工时代之后，GDP 指标上升，环境污染呈现出陡线上升的趋势。当工业化进入中后期，产业结构逐渐高级化，此时 GDP 与环境污染指数呈反向相关性，GDP 会一直上升，环境污染会下降、生态环境质量不断改善。

这一曲线一经提出，便受到学术界的广泛关注。纵观我国经济社会发展，也大致符合这一曲线的发展趋势。改革开放之后，我国全面开展了经济建设，城市经济、乡镇企业等全面开花，工业化水平发展迅猛，人民生活水平也持续向好。据统计，"改革开放 38 年来，我国经济保持年均 9% 以上的持续高速增长，部分年份增长速度两位数以上，在世界主要经济体的同期增长中名列前茅，我国经济占全球经济的比重由 2.7% 迅速提高到目前的近 15%。"①然而要意识到，中国 GDP 的崛起是以"高耗能、高污染"的粗放式发展方式为主体的，在这期间，我国矿产资源消耗增长了 40 多倍、单位 GDP 耗能高于发达国家 47%，经济的发展给生态环境造成了巨大的冲击，"局部改善、总体恶化"成为这一阶段我国生态环境状况的科学描述。在我国经济发展过程中，区域经济协调已经成为发展的重大战略部署，京津冀、长三角、珠三角等是全国典型的区域经济协调发展示范区。区域经济协调促使各地优化资源配置、发挥各自的比较优势，提升了区域整体经济实力。然而，也要看到，区域经

---

① 本书编写组．党的十九大报告学习辅导百问［M］．北京：党建读物出版社，2017：25.

济合作的加强也带来了跨行政区环境污染的加重，跨区域绿色治理就提上合作议程。事实上，区域一体化不仅仅应该包含经济的合作，也应该把绿色治理囊括其中。跨行政区绿色治理可以直接改善当地的生态环境，使民众发展和治理的获得感增强，符合民生主旨；跨行政区绿色治理可以促进区域经济发展方式的转型，由过去的粗放型经济增长方式向高质量发展方式转型，促进经济的可持续发展；跨行政区绿色治理还可以提高区域的对外环境形象，增强对外资金、技术、人才等资源的吸引力，这也是一笔无形的宝贵财富。因此，应该突破环境、经济矛盾的观点，从更长远、更根本意义上考量二者之间的关系。而且，区域经济协调过程中形成的合作原则、合作机制以及沟通渠道，也为跨行政区绿色治理提供了良好的平台基础。由是，跨区域绿色治理是区域合作全方位升级的客观需要。

（二）跨区域绿色公共产品供给的现实衡量

与人为色彩浓厚的行政区划界定不同，生态环境系统具有自然属性，整体性较强，不可分割。不同行政区划的生态环境系统相互影响、相互关联，通过河流、空气传播、经济贸易、人员往来、物产流动等扩散或影响到其他区域，"你中有我、我中有你""一荣俱荣、一损俱损"①。所以，跨区域绿色治理行为属于区域性公共产品，这种产品通常"主要是指那些需要两个以上的地方政府联合供给、其消费的外部性一般会溢出一定地域界限的公共物品，其地域特征和受益范围具有复杂性和模糊性特征。"②

应当看到，某一区域内的生态环境资源禀赋是既定的，并非无穷无尽，一些资源被消耗，势必会影响到另外一些消费者的使用数量和质量，因此具有消费的竞争性特征。正如奥斯特罗姆所言："公共池塘资源是一种人们共同使用整个资源系统，但分别享用资源单位的公共资源。在这种资源环境中，理性的个人可能导致资源使用拥挤或者资源退化的问题。"③生态环境资源产权的相对模糊以及地方政府的自利性，使得各地方政府面对生态环境资源时，容易产生"拥挤效应"和"过度使用"问题，忽略不同行政区域间的协调。

---

① 陈瑞莲.区域公共管理理论与实践研究［M］.北京：中国社会科学出版社，2008：10.
② 张紧跟.当代中国地方政府间横向关系协调研究［M］.北京：中国社会科学出版社，2006：25.
③ ［美］埃莉诺·奥斯特罗姆.公共事务的治理之道［M］.余迅达、陈旭东，译，上海：上海三联书店，2000：5.

同时，也应当看到，生态环境系统的这种外部性特点，也造成了污染界定和核算的难度，容易造成各地政府绿色治理行为的"搭便车"现象，享受绿色治理的收益却不愿承担相应的治理成本。可见，跨区域生态环境系统的非排他性和竞争性特性，决定了跨区域绿色治理这一公共产品供给必须通过地方政府间协调、整合与合作方能解决。

（三）行政管理改革的内在要求

政府是跨区域绿色治理中最重要的主体，至少到目前为止是其他主体所无法替代的。[①] 政府组织的内部设置遵循科层制组织逻辑，具有等级体系和专业化分工的特点。然而，由于生态环境问题跨行政区、跨部门、跨主体以及跨时段性，呈现出复杂性特征，再加上技术、社会生活、顾客需求等外部宏观环境的急剧变迁，由是产生政府传统的科层制组织模式与复杂的生态环境问题之间的矛盾。解决跨区域绿色治理问题，通常有以下行政权力调整方式：取消既存的行政区划，化零为整，构建单一政府；构建独立于行政区划的跨区域绿色治理机构，统一绿色治理权限；既有各地方政府之间协同治理，打造治理共同体。其中，第一种方案可行性较低。因为行政区划具有稳定性，是历史长期发展的产物，受到地理位置、经济、政治、文化、风俗等多重因素的制约，其调整要经过严格的审批流程，不科学的调整将会引起社会的连锁震荡。第二种方案，目前也有国家在不断探索当中，然而这一机构设置的权力来源、权力权限、执行强制性等尚存在争议，并未完全发挥出预期的效果。相比之下，第三种方案，尊重既有行政区划和对应的行政权力，力图在治理理念和行政伦理、机构设置、运行机制、治理技术方面实现协同，从而促进地方政府之间的合作，在这三种当中毫无疑问是制度成本最低的方案。正如"政治学家告诉我们，我们已经生活在了一个政府'合作的联邦主义'时代。"[②]

---

① OECD，Local Partnerships For Better Governance，Paris：OCED，2001，14-15.

② 孙柏英. 当代地方治理——面向 21 世纪的挑战 [M]. 北京：中国人民大学出版社，2004：64-72.

二、跨区域绿色治理府际合作的实践演进

20 世纪 30 年代以来，流域污染等环境污染问题治理开始得到学界的关注，提出了三个相关治理理论：市场失灵与政府规制理论、产权理论与排污权交易理论以及社会自主治理理论，在此基础上形成了生态文明治理的三种治理机制：政府直接管制模式、市场治理模式、社会协商治理模式。根据现实情况来看，当前中国的跨区域绿色治理以政府直接管制模式为主，即主要通过政府组织，通过命令控制型政策工具这一"看得见的政府之手"，来调整人与人、人与自然之间的关系，实现生态文明。以典型区域为例进行分析，我国跨区域绿色治理府际合作政策演进如下：

（一）环渤海地区绿色治理府际合作

环渤海地区作为全国的政治中心和重要的经济中心，也面临着区域生态绿色治理的任务。2005 年，北京、天津、河北三省市建立环保部门联席会议制度，对环渤海地区的生态环境问题进行沟通和探讨，每年至少一次，三地轮流主办，以为天津滨海新区为中心发展创造优质的生态环境。

2008 年北京奥运会筹备及举办期间环渤海地区联手治污，取得了显著的效果，成为跨区域绿色治理的范例。2006 年，（原）环境保护部与北京市以及周边的天津市、河北省、山西省、内蒙古、山东省以及各个协办城市共同组建了大气污染区域联防联控机制，六省市签署《第 29 届奥运会北京空气质量保障措施》，于 2007 年 10 月批准实施，该协议要求各个省市实施不同程度的减排措施，北京减排 40%，其他省市区 30% 以上。其中，"北京 2008 年奥运会空气质量保障工作协调小组"是跨区域绿色治理的管理机构，起着核心作用；同时也设置了区域空气质量检测与信息共享措施。2008 年 9 月，环渤海经济联合市长联席会第十三次会议一致同意设立环渤海区域环保合作组织，标志着京津冀环保合作进入新阶段，有助于环渤海地区生态城市建设。

渤海属于半封闭海湾，陆域水资源质量的下降影响了渤海湾的水质，致使渤海部分海域失去了生态功能和经济功能。要想保持经济的持续快速健康发展，必须以提高区域生态承载力为基础。为此，环渤海地区各政府于 2008 年出台了《渤海环境保护总体规划（2008—2020 年）》。该规划首先评估了

渤海治污的成绩及渤海水环境现状，提出要以实现环渤海地区经济社会全面、协调、可持续发展及人与海洋的和谐相处为指导思想，坚持海陆统筹，河海兼顾；防治并举，综合整治；科学规划，分步实施；因地制宜，突出重点；整合资源，创新机制为基本原则，提出 2005、2012、2020 的规划目标。在此基础上，提出重点任务：加强重点环节和关键领域保护与防治、面源点源治防联动、全面实施节水治污战略、着力攻克关键技术、强化责任分工与力量整合，并规划了近期实施的任务与保障措施。

2009 年，（原）环境保护部华北环保督查中心组织华北五省区市环保部门，又签署和落实了《国庆期间环保"北京护城河"工程实施方案》。2010年，北京、河北、天津三地签署《关于推进大气污染联防联控工作改善区域空气质量的指导意见》。2013 年，北京与河北、天津两地分别签署包含区域绿色治理在内的区域合作协议。2013 年 9 月，（原）国家环保部、发改委、工信部、住房城乡建设部和能源局联合印发《京津冀及周边地区落实大气污染防治行动计划实施细则》。2014 年为迎接亚太经合组织（APEC）第二十二次领导人非正式会议，（原）国家环境保护部出台了关于北京周边，含北京、天津、河北、内蒙古、山东、山西，共 24 个重点地市的空气质量保障方案，采取督导治理、应急减排、处理相关责任人、机动车限行与管控、燃煤和工业企业停限产、工地停工、加强城市道路保洁、调休放假，号称"史上最严"措施，"APEC 蓝"成为年度流行词。2015 年，三地又签署《京津冀区域环境保护率先突破合作框架协议》，明确了 10 个方面作为合作的突破口，标志着京津冀三地生态环境保护合作又迈出了实质性的步伐。

（二）长三角地区绿色治理府际合作

长三角地区区位优势明显，人口众多，是我国经济发展的龙头地区。在经济快速发展的同时，生态环境方面留下了不少欠账。为此，长三角地区各地间充分借鉴国内国外经验，在生态环境重点领域展开了合作步伐，签署了一系列的合作协议。近十几年来，合作思路越来越明显，合作力度不断加深。

2002 年，在扬州举行的江浙沪经济合作和发展会议提出了"绿色长江三角洲"的理念，将生态环境合作作为三地合作的突破口。强调要以太湖水系治理为重点，积极转变经济发展方式，发展清洁生产。2003 年 3 月，江苏、浙江、上海三省市签署《经济合作和发展协议》和《经济技术交流与合作协议》，其中提出"'联合实施长江三角洲近岸各省市积极开展污染控制与综合防治工作''强化固体废弃物、污染物越界转移管理，以及加强区域生态建设和环境保护合作'等具体措施。"2003 年 11 月，三地政府又成立"长江三角洲地区环境安全与生态修复研究中心"，成为长江三角洲地区跨区域绿色治理的智力供给机构。可以说，在这一阶段，长三角地区跨区域绿色治理府际合作的理念逐渐达成。

理念达成后，长三角地区各政府间制定并签署了一系列的绿色治理合作协议。2004 年 6 月，江苏、浙江、上海三地政府出台了《长江三角洲区域环境合作倡议书》，其中指出环境问题具有跨行政区划的特征，需要长江三角洲各省市的协同共治；环境问题与经济问题紧密相关，要把绿色治理纳入区域经济一体化的视野当中；积极鼓励采用排污权交易等市场手段探索跨区域绿色治理的新模式。这是全国首份区域合作宣言书。2004 年 11 月，第四次沪苏浙降级合作与发展座谈会，确定了长三角地区未来区域合作需要加强的七项专题，其中便包括绿色治理方面的合作。同月，签署《苏浙沪长三角海洋生态环境保护与建设合作协议》，共同应对赤潮等东海海域生态环境问题。紧接着，2015 年长三角第五次经济合作与发展座谈会上，又将海洋生态绿色治理作为了座谈会的子议题之一。

随着跨区域绿色治理府际合作的深入，长三角地区纷纷细化合作方案，完善治理策略，以更好地落实府际合作协议。2008 年，江苏、浙江、上海签订了《长江三角洲地区环境保护合作协议（2009–2010）》，规定了合作的宗旨、原则、内容和保障，对区域环境准入、污染物排放标准、大气污染控制、环境应急机制、环境信息公开共享等方面做了具体要求。为迎接 2010 年上海世博会，在上述协议的框架下，江浙沪两省一市于 2009 年启动了《上海世博会长三角区域环境空气质量保障联防联控措施》，规划了世博园周边 300 公里的重点防控区域，严格控制大气污染排放，效果良好，大气优良率高达 98.7%。2009 年 4 月，在上海召开长三角环境保护合作第一次联席会议，标志着两省一市环境保护府际合作迈出了实质性的步伐。其中，座谈会确定了三大合作主题，由不同省市牵头。上海、浙江、江苏分别牵头"加强区域大气污染控制""健全区域环境监管联动机制""完善区域绿色信贷政策"三个主题，着力将企业环境行为信息纳入银行审批信贷业务之中。同年 12 月，三省市第二次联席会议召开，总结了前期工作及布置下一年的工作重心。2012 年

5月，该机构签署《2012年长三角大气污染联防联控合作框架》协议。2013年，长三角城市扩容，又签署《长三角城市环境保护合作（合肥）宣言》，对区域污染联防联控、执法、宣传、重大事故通报等做了规定。生态环境保护一直是长三角合作的主题之一，以此共同打造绿色长三角。2014年1月，三省一市及国家八部委组成长三角区域大气污染防治协作机制，并确立了"协商统筹、责任共担、信息共享、联防联控"的原则以及"会议协商、分工协作、共享联动、科技写作、跟踪评估"的工作机制。2016年，第四次沪苏浙经济合作与发展座谈会期间，在探讨近期合作重点时，又提及海洋生态环境共建的必要性，在"区域生态绿色治理"中增列"海洋生态环境"专题。提议内容包含海洋生态环境保护合作计划、信息共享机制、技术研发等。

此外，该地区各省市也在更大范围内开展与其他省市的绿色治理合作。例如，其一，《长江经济带生态环境保护规划》。长江是中华民族的母亲河之一，是我国重要的生态功能区和生态安全屏障。长江经济带同时也是我国重要的经济带，自西到东贯穿全国11个省市，长江也因此被誉为"黄金水道"。实现中华民族伟大复兴，既要实现长江经济带的腾飞，打造中国新的增长极，又要适应新常态下各种资源环境趋紧的要求。因此，长江经济带的生态环境质量问题是关乎中华民族永续发展的重要问题。基于以上考虑，2017年，（原）环境保护部、发展改革委、水利部出台《长江经济带生态环境保护规划》，贯彻"创新、协调、绿色、开放、共享"五大发展理念，是对《长江经济带发展规划纲要》的贯彻和落实。该规划评估了长江经济带生态环境保护的成绩和基础，认为经过多年的治理，长江的生态环境有了一定的改进，但是还存在整体性保护不足、污染排放量大、经济环境矛盾突出等问题，因此建设任务依然艰巨。在建设过程中，要坚持"生态优先、绿色发展""统筹协调、系统保护""空间管控、分区施策""强化底线、严格约束""改革引领、科技支撑"的原则，以提高生态环境质量为核心，以"共抓大保护，不搞大开发"为导向，提出"和谐长江、健康长江、清洁长江、优美长江和安全长江"五大建设目标。该规划强调上中下游差异化管理，实施有针对性的重大工程。该规划提出了长江经济带生态环境保护的重点任务，即：强化水资源、水环境、水生态三位一体建设，确定水资源利用上限，划定生态保护红线、推进流域水污染的统防统治、打造宜居城乡环境、严厉管控生态环境风险、创新大保护的环境保护机制政策，以改革创新推动长江生态保护。设计重大生态环境项目，重点项目要衔接好规划目标，以大项目带动大保护，构建大保护的合力。其二，新安江跨流域生态补偿机制。新安江发源于安徽省黄山市，是钱塘江的重要源头，千岛湖 60% 的水来自新安江，而千岛湖是浙江省重要的饮水源地。为了保护一江碧水，2011 年起，浙江省就主动联络，与中央财政、安徽省共同成立生态环境补偿资金。中央财政每年安排资金 5 亿元，只要跨界水质达到标准，浙江省每年就要向安徽省提供 1 亿元生态补偿金。从 2012 年开始，进行首次正式补偿，2017 年完成第二轮补偿。经过多年的探索，新安江生态环境有明显好转。

（三）泛珠三角地区绿色治理府际合作

泛珠三角地区是指沿珠江流域的 9 个省份再加上香港、澳门 2 个特别行政区，又称"9+2"。这些地区地理位置毗邻，在资源、产业、市场等方面有较强的互补性。2004 年由广东省发起，其他省份积极响应，在中央的指导和支持下形成，是我国跨行政区生态环境保护的大胆探索。广东作为全国乃至全球的世界工厂，在经历产业结构的转型升级，大量劳动密集型产业和资源密集型产业向中西部地区转移。在保障产业顺利转型、转移的同时，如何避免污染的转移，备受关注。因此，区域经济合作的同时，泛珠三角地区也十分关注生态环境保护与建设的一体化。

2004 年 5 月，广东省环保局发出珠三角地区环保合作的第一个政府文本——《关于倡议开展泛珠三角区域环保合作的函》。同年，广东、香港又建立了 16 个空气监测站组成的大气污染监控网络。同年 7 月，泛珠三角地区召开了区域环保合作联席会议第一次会议。2005 年 1 月 26 日，泛珠三角省（区、市）在北京共同签署了《泛珠三角区域环境保护合作协议》，这是该区域生态环境保护协同治理的开端。该协议主要关注以下议题：生态环境保护合作、水环境保护合作、大气污染防治合作、环境监测合作、环境信息和宣教合作、环境保护科技和产业合作等。联席会议基本每年召开一次，设有秘书处，负责闭会期间的日常工作，同时还设有专题工作小组以及环境保护工作交流和情况通报制度。在各方努力下，目前在跨界重金属治理、土壤污染防治、大气联防联控、环境监管、环境执法、生态补偿等方面取得了很好的效果。2005 年 1 月，出台《泛珠三角环境产业合作协议》。

2005 年 7 月份，在四川省成都市召开了泛珠三角地区区域环境保护联席会议第二次会议，以"加强环境管理、促进循环经济发展"为主题，审议通过了《泛珠三角区域环境保护合作专项规划（2005—2010）》。同时，为了技术上的协同，泛珠三角各方又签署了《2005 年—2010 年泛珠三角区域环境监测合作工作计划》，自此形成了一年一度的环境监测技术与管理交流会制度。

2006 年 6 月，泛珠三角区域环境保护联席会议第三次会议在云南省昆明市召开，会议总结了区域环保联席会成立以来的成绩，确立了落实《泛珠三角区域环境保护合作协议》的五大领域，即：其一，开展生态省建设的交流与合作。其二，建议国家环保局将《珠江流域水污染防治规划》纳入国家重点流域水污染防治"十一五"规划并组织实施、重点支持，以之为突破口推进各方治污工作的协作。其三，鼓励邻省在河流交接断面水质、突发性水污染、环境违法行为等方面的合作。其四，原则通过《泛珠三角区域水环境监测网络建设规划》，并组织实施。其五，加强环境宣传教育、环保产业领域的合作。

2007 年 5 月，泛珠三角区域环境保护联席会议第四次会议原则性通过了《泛珠三角区域跨界环境污染纠纷行政处理办法》，是对各方行政行为规范上所做出的制度创新，规定了跨界污染处理的具体流程，提议建立环境污染纠纷处理联席会议制度。2009 年 5 月，泛珠三角环境保护联席会议第五次会议提出了八个方面的合作重点。2009 年，泛珠三角中的海南、广东、广西三省区签订《北部湾海域船舶溢油应急联动机制》，以联合应对北部湾船舶溢油风险。2010 年 7 月，泛珠三角环境保护联席会议第六次会议中又强调了污染防治、环境监测、环保宣传、环保产业方面的合作。同年 11 月，广西与贵州签署了跨省河流污染防治工作合作协议，关注断面水质问题。2011 年泛珠三角环境保护联席会议第七次会议以全面贯彻落实"十二五"环保规划为主题，深化环保合作领域。2012 年泛珠三角环境保护联席会议第八次会议强调高度重视十八大"五位一体"总体布局，建立健全环保执法联动机制、环境应急处理机制等。2013 年 4 月和 5 月，广东分别与广西、湖南签署了《粤桂两省区跨界河流水污染联防联治协作框架协议》和《湘粤两省跨界河流水污染联防联控协作框架协议》。同年 6 月的泛珠三角区域环境保护合作联席会议第九次会议制定了新一轮泛珠三角地区环境保护合作框架，认为应当把水和大气污染防治放在重心。2014 年 8 月第十次会议总结了泛珠三角区域环保合作十年来主要工作和未来合作建议，提出了"美丽泛珠、绿色发展"的主题。2015 年 12 月的泛珠三角区域环境保护合作联席会议第十一次会议围绕生态文明建设、谋划"十三五"环保规划等进行了探讨，并签署《泛珠三角区域合作框架协议》及《泛珠三角区域危险废物跨省转移处置及监管合作框架协议》。九洲江是一条跨省河流，流经广西、广东两省（区），是粤西地区重要的饮用水源河流。根据双方协议，广东、广西两省（区）各出资 3 亿元设立九洲江流域水环境补偿资金，用于补偿九洲江上游的玉林市陆川县、博白县。同时，中央财政还会根据考核情况拨付一定财政资金作为对广西的奖励资助资金，专款专用。对于水质的达标考核，将由中国环境监测总站联合双方科技人员进行联合手工断面监测，并辅之以断面的国家直管水质自动监测站监测，以前者为基准考核依据。2016 年 3 月，粤桂两省签署九洲江流域水环境生态补偿。汀江也是一条跨省河流，流经福建、广东两省，是粤东地区重要的饮用水源河流。对其流域水环境补偿，也采取了类似的措施。这两次跨省（区）合作得到社会各界的广泛关注，成为全国四个生态补偿试点流域中的两个，写入了《生态文明体制改革总体方案》。2017 年 1 月的泛珠三角区域环境保护合作联席会议第十二次会议提出 2017 年要围绕"全力推进生态文明建设"为主题，探讨了《泛珠三角区域环境保护合作联席会议 2017 年度工作计划》及《泛珠三角区域水系水质安全预警平台建设合作意向书》。2017 年 11 月的泛珠三角区域环境保护合作联席会议第十三次会议强调了粤港澳大湾区建设、粤港澳合作、泛珠三角区域合作等部署中的生态环保建设。经过十多年的努力，泛珠三角地区区域环境保护协作走向常态化，合作领域、内容、形式、能力稳步扩大或提升。

三、跨区域绿色治理府际合作的成效

通过对环渤海地区、长三角地区、泛珠三角地区等典型地区案例的梳理，我国的跨区域绿色治理府际合作实践始于 21 世纪初，经过十余年的不断发展探索，取得一定的成效，主要体现在府际合作理念的树立、府际合作内容的扩展、府际合作机构的建立、府际合作机制的深化以及府际合作技术的协同等几个方面①：

---

① 胡佳. 区域绿色治理中的地方政府协作研究［M］. 北京：人民出版社，2015：85-86.

其一，府际合作理念的树立。跨区域绿色治理府际合作实践始于环渤海、长三角、泛珠三角等发达地区，这主要由于当地经济发达，工业化程度高，区域经济协调业已开展，给生态环境造成巨大的压力所造成的。由于跨区域合作全方位升级的需要、跨区域绿色公共产品供给的现实衡量以及行政管理改革的内在需要，跨区域绿色治理府际合作提上日程，持续开展，府际合作理念逐步树立。其他地区也结合本地情况开展了多种形式的合作探索。

其二，府际合作内容的扩展。跨区域绿色治理府际合作内容较广，涉及流域水环境保护合作、大气污染防治合作、环保科技资源共享、环保产业建设合作、环境保护监测合作、环境保护宣传教育、环保经验交流等，基本上包括了跨区域生态环境问题的主要领域，说明合作的范围较为宽广。

其三，府际合作机构的建立。国家以及地方政府不断完善跨区域绿色治理的管理机构。在跨区域绿色治理管理体系中，国家生态环境部居于统一监督管理的地位。据《中华人民共和国环境保护法》第十条规定，"国务院环境保护主管部门，对全国环境保护工作实施统一监督管理"。我国的环保主管部门设置于1973年，设立了国务院环境保护领导小组办公室；1982年成立了归属城乡建设环境保护部的环境保护局；1984年更名为国家环境保护局；1988年开始独立设置；1998年升级为国家环境保护总局；2008年再次升格，变为国务院的组成部分——国家环境保护部，；2018年更设为生态环境部。国家生态环境部在包括跨区域绿色治理在内的环境保护和治理方面有更大的话语权。可以说，生态环境部是跨区域绿色治理最重要的综合协调机构。

除了生态环境部以外，其他制度性协调机构也是跨区域绿色治理重要的管理部门。主要包括有：其一，中央全面深化改革领导小组。2013年《中国共产党第十八届中央委员会第三次全体会议公报》中提出设立，是党中央设立的、层次最高的领导小组，更具权威性，旨在突破一些领域中现有的利益格局，保障改革的整体性、系统性、协同性，保障改革的设计、协调、推进、监督能够落到实处。在其中，下设经济体制和生态文明体制改革专项小组，负责经济体制和生态文明体制改革的顶层设计工作。其二，环境保护部督察局。2006年7月，国家环保总局出台了《总局环境保护督查中心组建方案》，是环境保护督察局设立的原始政策文本，后随着环境保护总局升级为环境保护部，其建制基本保留下来并有所变更。目前，国家生态环境局下设6个督察局，司局级建制，即华南督察局、西南督察局、华东督察局、西北督察局、华北督察局、东北督察局，对生态环境部负责，其职责为"承办跨省区域、流域、海域重大环境纠纷协调处置"。其三，环境应急与事故调查中心。该中心受环境保护部委托，负责特、重大生态破坏事件、环境污染事件的应急、调查工作，其中在具体职责介绍中涉及跨区域绿色治理的规定主要有："指导、协调地方政府重特大突发环境事件的应急、预警工作""提出有关区域限批、流域限批、行业限批的建议"。其四，核与辐射安全监督站。放射性污染影响范围大、危害大。目前，设置有华北、华南、西北、西南四个核与辐射安全监督站，是（原）环境保护部（国家核安全局）的派出机构，负责区域内的核与辐射安全监督工作，大区域监管模式。其五，（原）国家环保部直属事业单位。（原）国家环境保护部下属有"中国环境科学院""华南环境科学研究所""环境规划院""环境工程评估中心""中国生态文明研究与促进会""中国环境报"等事业单位，它们是包括跨区域绿色治理在内的绿色治理理论研究与实践的"智囊团""宣传者""实施者"，作用也不容忽视。其六，流域管理机构。水利部下设有7个全国性流域管理机构，包括黄河水利委员会、长江水利委员会、珠江水利委员会、海河水利委员会、松辽水利委员会、淮河水利委员会、太湖流域管理局。其管理中心往往设在流域内的某一城市，但不接受地方政府的领导，而接受水利部的直接管辖，具备一定的行政级别，前二者为副部级单位，后五者为正厅级单位，负责流域内的水资源调配、保护、治理等。其七，部际联席会议、领导小组。部际联席会议和领导小组也是属于中央调控管理国家绿色治理问题的组织形式，是准制度性协调机构。例如，在突发环境事件处理方面，《国家突发环境事件应急预案》中规定，"在国务院的统一领导下，全国环境保护部际联席会议负责统一协调突发环境事件的应对工作。"在大气治理方面，（原）国家环保部成立了"大气重污染成因与治理攻关领导小组"，该小组由（原）环境保护部牵头，科技部、中科院、（原）卫生部、高校等部门协作组成，由中央财政安排专项资金进行，着力对城市群雾霾成因、来源、宣传教育、治理等进行攻关。

此外，还有部分非制度性的临时协调机构，在跨区域绿色治理某些生态环境问题上、某些实践环节上发挥着重要的作用。尤其是当某地发生突发环境污染事件时，通常国务院会成立由某一相关部门的负责同志担任一把手，其他相关部门同事参与的工作组，统一协调、处理有关后续工作。各个绿色治理相关中央政府部门也会成立专项工作组，例如，（原）农业部于2015年成立农业面源污染防治推进工作组，对农业生态环境保护与治理工作进行专项攻关。通过制度性协调机构和非制度性的临时协调机构，共同构建起跨区域绿色治理的管理体系。

其四，府际合作机制的深化。各地逐渐探索、建构、深化了任务导向型的运行协作机制。包括：深化政策问题构建机制，各地协同生态环境保护与污染治理的规划，谋划某一时段的工作重点；深化决策机制，部分地区成立跨区域环境安全与生态修复科研机构，承担跨区域绿色治理"智囊团"的作用；深化政策执行机制，包括联合环境执法、危机预警及时通报、建构应急预案、区域间生态补偿、纠纷调解以协调为主、共同加大传播动员等。①

其五，府际合作技术的协同。为了保障技术上的一致，扎牢跨区域绿色治理的技术基础，各地环保部门通常联合设立空气、水质等自动监测站，多方协商确定监测项目、点位、频次；建立了检测技术的互通交流机制，保障技术使用上的一致性；通过通信网络、信息技术手段、新闻媒体等实现环境信息的公开与共享。

综上，经过各地方政府间府际合作理念的树立、府际合作内容的扩展、府际合作机构的建立、府际合作机制的深化以及府际合作技术的协同，中国政府在跨区域绿色治理方面做了大量工作，取得了不少成绩，但是仍然存在不少问题和缺憾，中国跨区域生态环境状况严峻的局面仍然未能有根本性改善，亟待进一步的分析和解决。

第二节　跨区域绿色治理府际合作中国家权力纵向嵌入现状与困境分析

当前我国跨区域绿色治理府际合作并未达到预期理想的效果，其原因是多方面造成的。鉴于国家权力在跨区域绿色治理当中的地位，其自身的问题是治理绩效不理想的重要原因，需要认真审视。下面将从嵌入前提、嵌入行为、嵌入保障等三个方面来分析跨区域绿色治理府际合作中国家权力纵向嵌入现状与困境。

---

① 张雪. 雾霾污染防治中府际协作碎片化困境与整体性策略〔J〕. 湖南社会科学, 2016（6）: 13-17.

一、嵌入前提现状与困境分析

职责权限划分是跨区域绿色治理府际关系的基础和核心，科学划分其职责权限可以为规范跨区域绿色治理府际关系、府际运作机制提供前提和依据，"良好的府际关系表现为各级政府之间、政府部门之间形成层次分明、涵盖全面、责权分清的职责关系，良好的府际关系可以避免政府职能的'错位''越位'和'缺位'"①。审视跨区域绿色治理府际关系，主要包括四个方面，其现状与困境主要有：

（一）中央与地方政府间绿色治理职责权限划分现状与问题

中央与地方政府间关系是府际关系治理的关键核心，起着"中轴"的作用，直接决定着府际关系体系当中的其他关系。因为，在我国当前属地管理与行政层级发包制的管理框架下，市级以下政府与中央政府及其组成部门一般情况下并不发生直接联系，其联系通常需要经过省一级人民政府的同意或批准，或者事后报告。②可以说，中央政府与地方政府间职责权限划分，主要是中央政府与省级政府之间的职责权限，是跨区域绿色治理府际合作中国家权力纵向嵌入前提中十分重要的环节。

改革开放之前，我国实行高度集中的政治经济体制，在这样背景下，中央政府与地方政府的关系可以比喻为"工厂"与"车间"，作为"车间"角色的地方政府并没有重大事务决策自主权，而只有决策执行权。中央与地方政府之间是一种"命令—执行"的关系，权力自上而下单向度运行。改革开放之后，中央积极探索分权，将经营自主权下放给企业，将经济管理权和部分财政权下放给地方政府，力图充分发挥市场主体和地方政府的积极性。三四十年间，中央政府根据当时环境的需要，多次放权与收权，一定程度上反映出中央与地方政府之间的深刻矛盾。2013年《中共中央关于全面深化改革若干重大问题的决定》要求继续深入简政放权，"直接面向基层、量大面广、由地方管理更方便有效的经济社会事项，一律下放地方和基层管理"③，降低中央政府对微观事务的干涉度。对中央和地方职责权限下一步改革做出

---

① 杨龙.府际关系调整在国家治理中的作用［J］.南开学报（哲学社会科学版），2015（6）：37-48.
② 余敏江、黄建洪.区域绿色治理中的地方政府协作研究［M］.北京：人民出版社，2015：85-86.
③ 《中共中央关于全面深化改革若干重大问题的决定》（2013）

了原则性的规定。透过中央与地方关系的发展历程，可以看出其呈现出以下特征：

其一，中央与地方政府职能定位为"中央决策、地方执行"模式。我国宪法第三条规定："中央和地方的国家机构职权的划分，遵循在中央的统一领导下，充分发挥地方的主动性、积极性的原则。"①在这一规定框架内，一方面，中央政府决策范围极为宽广，从理论上讲，国家有权力对任何公共事项进行决策，没有范围的明确界限；另一方面，地方政府执行决策的范围也是极为宽广。我国公共政策的执行通常是由地方政府来完成，中央政府负责发号施令、总体规划，一般并不会参与到具体的实施过程当中来，即便一些关系国计民生的全国性的问题，也离不开地方政府的参与与实施。与这种分工模式相一致，我国中央政府公务员所占比重以及财政支出所占比重远低于世界平均水平。据统计，我国中央政府公务员在全国公务员占比为6%，远远低于其他国家1/3左右的平均水平；中央政府财政支出在全国各级政府财政支出占比为14.6%，低于英美法等西方主要国家50%左右的水平。②无论是中央政府的决策权还是地方政府的执行权，作用范围及权力之大，在世界上是比较少见的。我国的这种央地间职责分工模式，属于典型的行政分权，而非政治分权。

其二，中央政府的绝对权威与地方政府的自由裁量权并存。在我国单一制结构形式下，保持中央政府的绝对权威是十分必要的，能够保障政权的稳定以及执政党施政纲领的实现。然而，由于各地区域情况差异巨大，依据中央政府的绝对权威所制定出的中央政策并不能一定符合地方多种多样化的具体情况。因此，在"中央决策、地方执行"模式下，地方政府在公共政策执行时，事实上被赋予了自由裁量权以解决上述矛盾，地方政府由于具备了一定的与中央政府制衡的权力和资本，两者形成相互依赖、相互制约的复杂关系。

其三，中央与地方各级政府形成"职责同构"局面。通常情况下，中央决策由中央政府的组成部门所制定，在"中央决策、地方执行"分工模式下，下面各级地方政府的机构设置通常与中央政府的机构设置严格一致，"上下一

---

① 《中华人民共和国宪法》（2018）
② 宣晓伟. 中央地方关系的调整与区域协同发展的推进［J］，区域经济评论，2017（06）：29-39.

般粗"或"上下对齐",只有军事、外交除外,以保障中央决策的执行。即便是行政级别较低的地方政府,机构设置也与上级乃至中央政府有极大的相似性,"麻雀虽小、五脏俱全"。一般省级政府组成部门和直属机构数量与中央政府机构设置基本对口,即便是自治区政府也具有极大的相似性。通过机构设置上的一致,实现职能上的一致,最终保障政策的制定和执行。在环境保护系统中,也存在类似的情况。(表3-1)(原)环境保护部作为环境系统中最高主管部门,通过业务指导的方式指导地方政府的相关业务,地方政府及其环境保护部门必须遵守环境保护部制定的各项规章制度。

表3-1　环境行政部门"职责同构"现象

政府行政级别	机构设置(组成部分,不含直属单位)
(原)环境保护部	办公厅;规划财务司;政策法规司;行政体制与人事司;科技标准司;环境影响评价司;环境监测司;水环境管理司;大气环境管理司;土壤环境管理司;自然生态保护司;核设施安全监管司;核电安全监管司;辐射源安全监管司;环境监察局;国际合作司;宣传教育司;直属机关党委;中央纪委驻部纪检组;环境保护部党校。
四川省环保厅	办公室;政策法规处;规划财务处;人事处;污染物排放总量控制处;科技标准与产业发展处;环境影响评价处;环境监测与调查处;建管处;农村环境保护处;污染防治处;核电安全与工业污染监管处;自然生态保护处;核设施安全及建设项目环境监管处;辐射源安全监管处;环境信访与审计处;宣传教育与对外合作处;离退休人员工作处;机关党委;驻厅纪检组。
成都市环保局	办公室;政策法规处;规划与财务处;环保产业与科技监测处;环境影响评价处;建设项目环境管理处;水环境管理处;土壤环境管理处;大气环境管理处;自然生态保护与对外合作处;环境应急与信访处;核与辐射安全管理处;宣传教育与改革研究处;人事处。
成华区环保局	纪检监察室;环境污染防治科;区环境监察执法大队;建设项目环境管理科(行政审批科);办公室;政策法规科;区环境监测站。
二仙桥街道(环境保护归属城市管理科,网站资料不详,介绍其职能)	负责市容市貌、环境卫生、园林绿化、农贸市场、环境保护等的监督管理工作;负责防汛、防震、抢险、救灾等日常监督管理工作;负责爱国卫生工作;协助工商、物价、质监、药监部门开展相关市场监管检查工作;负责辖区安全工作;行使城市管理等方面的行政执法职能,负责协同相关职能部门开展联合执法。

在中央、地方政府这种关系模式框架下,当前中央与地方政府间绿色治理职责权限存在的问题主要有:

其一,中央政府权大责小,严重不对等。在我国的政治权力框架下,中央政府出于权力体系的最高点,代表整个国家主权,而地方各级政府的一切权力均来源于它，处于"控制"和"主导"的地位。中央政府主要是通过各个部委开展工作。在绿色治理领域，主要是通过（原）环境保护部来开展工作。（原）环境保护部负责"指导和协调解决各地方、各部门以及跨地区、跨流域的重大环境问题；调查处理重大环境污染事故和生态破坏事件，协调省际环境污染纠纷；组织和协调国家重点流域水污染防治工作"的职责。虽然（原）环境保护部与各层级地方政府、各层级环境保护部门间进行了一定的工作分工，但未能进行明确而细致的职责界定，"作为行业和领域的最高主管机关，中央部委只要愿意和认为有必要，可以对系统内的几乎任何事情进行直接管理和干预"①。然而，与之不匹配的是，中央政府却承担着较小的责任压力。环境保护部门通常会把任务授予地方政府，然而"下任务不下权""下事情不下钱"，给地方政府造成了较大的压力。当绿色治理绩效明显时，由环境保护部门上报；而当绿色治理无法完成目标时，中央政府要问责于地方政府。

其二，地方政府权小责大，无法形成有效的治理联盟。中央政府的大政方针政策要通过地方政府来贯彻落实，地方政府履行着绿色治理的大量事务性工作，是生态文明建设的直接执行者，起着十分重要的作用。然而，由于法律意义上它们并没有决策权，仅有执行权，使得地方政府并未能够成为真正意义上的自治单位。这种局面导致在跨区域绿色治理中，各地方政府间的合作行为以及所签署的协议不具有立法行为，"更多的只是具有宣示和象征意义，很难有真正的政策效果"②。

（二）地方政府间绿色治理职责权限现状与问题

地方政府职责权限不仅反映了法律赋予地方政府的权能和责任，也体现了地方政府在公共事务管理中的作用，其具有法定性、变动性、层次性、多样性的特征。③在跨区域绿色治理府际合作中，地方政府是参与的直接主体，其职责权限的界定是府际合作关系网络中十分重要的环节。《中华人民共和国环境保护法》（2015）明确规定，"地方各级人民政府应当对本行政区域的环境质量负责。"法律规定了我国绿色治理的主体以及相应的责任范畴，但是仅仅是对本行政区域内的绿色治理责任进行了界定，而对于跨行政区域环境

---

① 周振超.当代中国政府"条块关系"研究［M］.天津：天津人民出版社，2008：82-83.

② 宣晓伟.中央地方关系的调整与区域协同发展的推进［J］.区域经济评论，2017（06）：29-39.

③ 方雷.地方政府学概论［M］.北京：中国人民大学出版社，2015：54.

问题的责任主体、具体责任边界等问题，法律并没有明确说明。地方政府间绿色治理职责权限界定的不尽完善，使得各地方政府不愿意积极进行绿色治理，"理性地"选择逃避责任，从而容易造成"公地悲剧"。

针对跨区域绿色问题的凸显，各地积极探索不同形式的府际合作，联防联控成为必然选择，其中的府际责任分担机制也随之变化。以跨区域绿色治理典型问题——大气污染防治为例，可以透视地方政府间职责权限的变迁情况。改革开放之后，随着我国经济体量的迅速增加，我国及时制定了相关的法律。1988 年出台纲领性文件《中华人民共和国大气污染防治法》，并于1995 年进行了修改。这两版法律明确规定"各级人民政府的环境保护部门是对大气污染防治实施统一监督管理的机关""省、自治区、直辖市人民政府对国家大气污染物排放标准中未作规定的项目，可以制定地方排放标准"[①] 等。2000 年版《中华人民共和国大气污染防治法》中则规定了"地方各级人民政府对本辖区的大气环境质量负责，制定规划，采取措施，使本辖区的大气环境质量达到规定的标准"。以上法律为"各自为政"式的大气污染防治奠定法律基础，并没有涉及府际责任分担，这一法律规定并不能解决区域性复合型大气污染。在前期发展探索的基础上，2015 年版《中华人民共和国大气污染防治法》对城市群大气污染治理模式进行修订，其第五章为"重点区域大气污染联合防治"，明确提出"国家建立重点区域大气污染联防联控机制，统筹协调重点区域内大气污染防治工作"。"应当确定牵头的地方人民政府，定期召开联席会议，按照统一规划、统一标准、统一监测、统一防治措施的要求，开展大气污染联合防治""开展联合执法、跨区域执法、交叉执法"，对治理主体和治理规定做出了原则性的规定。

可见，《中华人民共和国大气污染防治法》历经四次修订，实现了大气污染防治联防联控模式的转向。然而，当前联防联控中依然具有很多问题，"包括基本原则缺失、可实施性不强、地方利益失衡、政策法律支撑不足、法律责任模糊等"[②]，在这其中政府间的责任分担机制不完善可以说是以上提及的全部问题的前提和基础。现有法律体系中并没有关于重点区域绿色治理整体责任的规定，治理的责任主体仍然是各个地方政府，区域绿色治理绩效考核机

①　《中华人民共和国大气污染防治法》（1995）

②　高桂林、陈云俊 . 评析新《大气污染防治法》中的联防联控制度［J］. 环境保护，2015（18）：42-46.

制也尚未建立，府际责任分担机制未能真正建立。在京津冀、长三角、珠三角等城市群开展的绿色治理合作中，地方政府间责任共担意识已经生成，这是府际合作的十分重要的进步。然而，地方政府间的责任分担尚未健全，其关键因素是现有的"谁污染、谁治理"原则的不尽科学。对于产生废弃物的污染源来说，在制造产品带来生产福利获得收益的同时，也确实造成了对当地生态环境的破坏，因此"谁污染、谁治理"原则具有一定的合理性。但是，这一原则也蕴含着一定的不公平，遭到污染制造者和所在地政府一定程度上的反对，主要原因有三个方面：其一，城市群等区域内产业布局并不一定是市场机制运作的结果。在区域经济合作过程中，一般存在核心城市和外围区域，在区域产业体系中有着自己的生态位。然而，在生态位形成的过程中，政治权力的影响是不容忽视的，最明显的莫过于京津冀地区。北京是我国的首都，从多方面综合考虑，北京的产业定位于发展附加值高的第二产业和第三产业。在这种国家战略定位下，首钢、焦化厂等具有污染性的企业被逐步转移到河北省等地区。显然，按照"谁污染、谁治理"原则，对河北省是不合理的。其二，区域内外围城市面临更大的绿色治理压力又增加负担。由于这些外围城市产业层次相对较低，污染量较大，在区域绿色治理一体化的背景下，这些地区承载着较大的绿色治理任务。从短期看，绿色治理会增加企业生产成本，部分企业更是要关停并转，可能带来失业等一系列系统问题。其三，污染产品制造者和污染产品的消费者不一致导致污染转嫁。由于贸易行为的存在，产品生产出来之后很可能流通到其他地区进行销售、消费，事实上，产品的消费者才是污染的真正制造者。在当前产品定价、税收等尚不能反映绿色治理成本时，事实上便发生了污染转嫁现象。在以上考量下，跨区域绿色治理府际职能权限分担尚不完善，是当前亟待解决的问题。

（三）政府部门间绿色治理职责权限现状与问题

中央政府以及地方各级政府绿色治理职能的发挥，主要通过绿色治理相关职能部门来完成，因此科学界定政府部门间绿色治理职责权限十分必要，当前其现状与问题主要表现在：

其一，绿色治理职能呈现分散、交叉状况。绿色治理是一项系统工程，涉及诸多部门，其中环境保护部门是绿色治理主阵地。随着经济规模的扩大、经济发展方式的转变，环境保护部门的职能也逐步发生变迁。当前我国生态环境保护事业的纲领性法律法规依据是《中华人民共和国环境保护法》，其第7条如是规定，"国务院环境保护行政主管部门，对全国环境保护工作实施统一监督管理"①。可见，"统一监督管理"是法律对环境保护部门的根本职责定位。2008 年机构设置规格提升后，拥有"拟订并组织实施环境保护规划、政策和标准；组织编制环境功能区划；监督管理环境污染防治；协调解决重大环境问题"等四项重要的明确的责任，与以前相比具有了更强的话语权。环境保护部门职责定位更加明确的同时，也要看到其人员配备、管理权限等具体能力并没有得到实质性的加强。

现实中，绿色治理职能也还面临分散交叉、权力虚置的问题②。过去，环保局是国务院的直属机构，负责专业性行政事务的管理，对于国务院的决策没有参与权，更多的是执行任务。这种情况使得我国的绿色职责比较分散，大致分成三类职责（表 3-2）。

表 3-2　我国政府绿色治理职责分布情况

绿色职责	所属政府部门
污染防治职能	海洋、港务监督、渔政、渔业监督、军队环保、公安、交通、铁道、民航等部门
资源保护职能	矿产、林业、农业、水利等部门
综合调控管理职能	发改委、财政、经贸（工信）、国土等部门

在我国行政体系中，生态环境部与其他负有环境管理职责的各部门之间并非上下级的隶属和领导关系，在法律地位上是平等的，都属于国务院系统。这种情况下，各部门"必须依照法律规定的权限进行监督管理，超出权限范围就是违法"③。生态环境部根本没有权力对其他部门管辖范围内涉及的生态环境问题进行管理。各部门还往往制定一些各自管辖领域内的专门法律，如《中华人民共和国草原法》第 8 条规定"国务院草原行政主管部门主管全国草原监督管理工作"④，据此规则对其主管的生态环境事务进行管辖，这些法律法规有时候与生态环境部的职责间出现模糊、有争议的情况。统计各项职责，

---

① 中华人民共和国环境保护法（1989）
② 王曦、邓旸 . 从"统一监督管理"到"综合协调"——《中华人民共和国环境保护法》第 7 条评析［J］. 吉林大学社会科学学报，2011（6）：86.
③ 韩德培 . 环境保护法教程［M］. 北京：法律出版社，2007：51.
④ 中华人民共和国草原法（2002）

生态环境部仅在"污染减排和排污收费"项目中具有明确、无争议的"统一监督管理"权①。"统一监督管理"这一法律表述条文常常给各职能部门一种印象，即生态环境部门要越权管理②，很容易引起各部门的不满抱怨情绪。总体上，各职能部门对生态环境部的工作配合度较低。由于生态环境部的"统一监督管理"职权规定，各个分管部门无动力花费时间金钱于生态环境保护事务当中，他们认为即便付出再大精力最后的功劳总是归属于生态环境部。再加上现行法律法规对各个部门生态环境保护职责缺乏明确的、硬性的规定，更是加剧了各个分管部门对生态环保事业的淡化，与生态环境部消极配合。除此之外，生态环境部部门内部还存在职能交叉的问题，会严重影响到组织部门的内部整合力，需要进一步协调解决。协调造成了多头统管部门的并立，影响到了政策执行的效果。环保局上升为环境保护部，由国务院直属机构变为国务院组成部门，只有整合起分散的绿色职能，才能使其在国务院公共政策制定过程中真正发挥出应有的作用。

其二，部门职能与政府整体职能产生一定程度的冲突。当前，我国的环境保护管理系统是以地方政府管理为主的双重管理体制。以市级生态环境局为例（图3-1），它既要接受省生态环境厅生态环境领域的业务指导和管理，同时也是市一级人民政府组成部分，接受市级政府的领导。上级生态环境行政部门仅是业务方面的联系，财政支持、岗位编制等涉及本部门生存、发展的硬性制约条件则要依赖于市级政府来进行统筹，在很多绿色治理项目的执行过程中还要跟财政部门、农业部门等其他部门直接打交道。在"中央决策、地方执行"分工模式下，环境保护行政管理机构更专注于本部门的专业考评指标，希冀能够获得更多的治理资源以提升绿色治理绩效。然而，地方政府是一个由各个职能部门所组成的整体，担负着各种职能，因此需要统筹、分配各种治理资源，而环境保护系统在这种资源配置体系中的占有状况很大程度上是由考核体系所决定的。作为实施跨流域绿色治理最直接践行者的地方环保部门，在实际的绿色治理工作中陷入了两难的境地，既要向上级环保部门争取专业资源，又要向地方政府汲取生存资源。不可不说，由于中央政府与地方政府在绿色治理方面的权责交叉和权力分布的不协调，挤压着地方环

---

① 谢良兵.环保总局升格为环境保护部：环保"扩权"的背后［N］.中国新闻周刊，2008-03-21.
② "分管"部门是指依法分管某一类污染源防治或者某一类自然资源保护监督管理工作的行政部门。参见：韩德培.环境保护法教程［M］.北京：法律出版社，2007：43.

保部门的生存空间，也使绿色治理虽收获了一定的效果却也付出了较高的成本。由是，部门职能与政府整体职能产生一定程度的冲突。

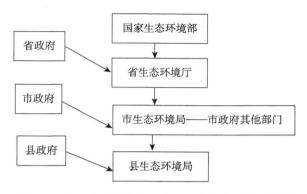

图 3-1　市生态环境局在政府组织体制中的结构位置

（四）政府、市场与社会间绿色治理职责权限现状与问题

跨区域绿色治理是一项系统工程，涉及多个主体与多个环节，亟须共建共享，其治理模式在生态文明建设蓝图转向现实过程中发挥关键与保障作用，跨区域绿色治理多元协同治理模式的必要性主要体现在以下方面：

其一，跨区域绿色治理多元协同是生态文明建设开放性的必然选择。作为生态文明建设作用的对象，生态系统是一个开放性的体系，"一个生态系统可恰当的比作生命网络系统，在这个系统内，各组成部分之间相互联系，相互斗争，为彼此的生存提供机会和限制"。人类作为自然存在物，与自然界之间也在进行着信息、能量等各方面的交换，通过人的生产活动、生活活动等社会实践活动，将"自在自然"演化为"人化自然"。无论是政府、市场还是社会，都在影响着生态环境系统，同时每个人、每个组织也均受到生态环境系统的影响，这就要求不同的主体参与到生态文明建设中来，任何一个主体的缺位均会导致生态文明建设的失衡。同时，生态系统的建设并不是一朝一夕能够完成的事情，不同的时期会有不同的建设需求和侧重点，这就需要不同主体间协同治理的持续跟进。

其二，跨区域绿色治理多元主体协同治理是应对单一主体主导治理模式失灵的必然要求。关于生态文明建设，主要包括三种模式：政府主导模式、市场主导模式及社会主导模式。政府主导模式强调政府的强制力，市场主导模式依赖于市场机制，社会主导模式则以志愿、自觉精神为基础。然而，现实中单一主体主导的治理模式均面临着失灵的问题。在我国单一制国家结构形式下，我国从 20 世纪 70 年代始，逐渐建立起了一整套政府体制，法律法规规章、政治动员等绿色治理工具频繁使用。然而由于制度不健全、地方利益差别等原因，导致存在政府差序重视度的问题，"搭便车""上有政策下有对策"等执行梗阻现象频发，政府主导模式并未达到预期目标。改革开放以来，随着计划经济向市场经济的转变，市场机制在生态文明建设中的作用逐渐凸显。然而现实当中，产权私有化、废水排污费等经济激励性治理工具并未能够完全达到理论上的预期。社会主体在生态文明建设中介入的必要性越来越得到认可，然而总体上发展滞后，远未在生态文明建设中发挥主导作用。

其三，跨区域绿色治理多元主体协同治理是顺应治理环境变化的必然抉择。从经济上看，随着市场在资源配置中发挥决定性作用，市场主体的独立性越来越强，发挥作用的空间越来越大，生态文明建设即市场机制介入的一大领域；从政治上看，党的十八届三中全会提出在坚持党的领导前提下，推进"国家治理体系和治理能力现代化"，治理主体、治理过程的改革政策支持度较好；从文化上来看，传统文化中的"中庸、和合思想"、执政党群众路线的贯彻以及西方治理思想和实践的影响，共同积淀着生态文明协同治理的文化土壤；现代信息技术的普遍使用，为多元主体间的交流互动提供技术上的便捷；社会组织日益兴起，公民社会的培育机制越来越完善，也推动着多元协同的达成。可见，治理环境的变迁，为生态文明多元主体协同机制的构建提供了必要的条件。

在跨区域绿色治理中，政府市场社会间绿色治理职责权限划分事实上探讨的问题是政府权力的边界问题，也是当前影响我国跨区域绿色治理府际合作中国家权力纵向嵌入前提所面临的主要问题之一。理论上没有明确的界说，再加上各种实践滞阻因素综合作用，导致当前政府职责权限存在权力过大、主体间角色混淆等诸多问题，配置的合理性亟待提升。

其一，政府职权过大，侵蚀政府、市场与社会的边界。绿色治理不同于经济建设、社会建设等其他建设，短期内它并不是一种"增量改革"，反而会触动某些群体的利益，是一种发展纠偏行为，这从根本上决定了跨区域绿色治理多元主体中须以政府为主导方能攻坚克难。政府、企业、社会组织等多个主体间也必须保持合理的界限，只有这样才能调动起各个主体的积极性，提高合作治理的效率。但是，从当前我国政府职责配置的实际情况来看，呈现出过大的问题。在"中央决策、地方执行"分工模式下，跨区域绿色治理府际合作呈现出技术治理逻辑。中央政府将决策转化为一系列的考核指标，将绿色治理决策技术化。地方政府为了实现考核目标，表现出官僚组织的自我膨胀性，力图将核心的绿色治理资源集中在自身，转化为政府可操控的资源，这在一定程度上强化了政府的权力。在这一过程中，政府的权力会有意无意地突破权力的边界，挤压社会、市场在跨区域绿色治理中的存在空间。至少在部分时段、部分公务人员看来，市场、社会均是政府逻辑的延伸，企业、社会组织均是政府权力的执行者，而对于政府本身，也被认为可以起到企业、社会组织的功能。政府权力的越界使得社会空间、市场空间被严重挤压，窒息了它们的活力和积极性。政府对权力的垄断局面是多方面原因作用的结果，主要有：二千多年封建社会专制制度造成社会公众对权力膜拜与服从，我国的社会公众对政府有着较高的期待，希望政府无所不能、无所不包，甚至某些期待包含了"不应"或"不能"的社会责任；计划经济时代全能主义政府模式影响延留至今，全能主义政府强调政府对权力的主导与垄断，这种意识并不会自发、自觉地消除，等等。①

　　其二，社会组织权力配置处于弱势。社会组织承担跨区域绿色治理的职能业已成为时代发展的必然趋势，在公共行政管理中发挥着重要的作用。公众个体和非政府组织是区域生态环境的最终消费者和生态环境的受害者，资源环境的全民所有制更是为社会公众个体和非政府组织参与跨区域绿色治理工作赋予法律保障，其角色往往界定为"监督者"。"在绿色治理中，公众的参与有着其他经济主体所不能比拟的独特优势。它是权力无法突破的障碍。"② 近些年来，随着雾霾天气等的频频出现，社会公众对生态环境有着强烈的治理需求，构成跨区域绿色治理的外部压力。而国家法律法规、政策体系也不断支持、规范着公众的社会参与。公众个体的参与一般有体制内的参与，主要是诉讼、参与听证会与环境评价、环境议事会的方式，通过法律来维护自己的权力；也有体制外的参与，主要是通过游行示威、短信串联、群体性事件等方式来达成。体制外的方式由于不可控性较强，常常引起消极的

---

① 　石佑启、陈咏梅.法治视野下行政权力合理配置研究［M］.北京：人民出版社，2016：90.
② 　赵美珍.长三角区域绿色治理主体的利益共容与协同［J］.南通大学学报，2016（2）：1–7.

连锁反应。环境保护非政府组织在跨区域绿色治理中的作用也越来越活跃，它们发挥作用的领域往往是环境调查、环境宣传教育、参与环境决策、监督环境执行、维护公众权益等方面。大体上，环境保护非政府组织分为四类，一是政府发起的组织，例如中国环境文化促进会、中华环保基金会等；二是民间自发的组织，如自然之友、绿色之友、绿色和平等；三是高校环境保护社团；四是国际环境保护组织驻中国办事处或分支组织等。1995 年"自然之友"保护云南金丝猴和藏羚羊活动、2003 年怒江水电之争等是环境保护非政府组织在跨区域绿色治理中的标志性事件。遗憾的是，到目前为止，社会组织参与并未纳入我国政府职责配置的立法范畴之中，其法律地位与权力配置尚没有明确的说明。政府通过对绿色治理类社会组织准入条件的严格控制从源头上就确保政府权力对社会组织的主导地位，而社会组织现实当中反映出的职权也无法与政府权力配置相平衡，与政府权力更多地体现为被管理与管理，属于从属性的依附地位。政府对社会的放权也更多体现为政策性放权而非政治性放权，本质上映射出的依然是政府对权力的垄断。可以说，政府的绿色治理权力控制构成了社会组织权力配置的事实性障碍，只有实现了二者的合理分权，社会组织的权力配置才有可能性和实效性。

其三，企业绿色治理职责是一种"软约束"。在跨区域生态环境事件中，企业是最主要的直接污染源。按照"谁污染、谁治理"的治理原则，企业也应该在跨区域绿色治理中承担起该有的职责。随着国家法律法规的改进、社会舆论的加强，企业在跨区域绿色治理中的作用越来越大。一般来说，企业可以划分为两种类型，即：生态文明型企业、非生态文明型企业。生态文明型企业从事污染治理等，直接参与到生态绿色治理。而非生态文明型企业，主要是遵守国家环境法律法规，保护环境、接受罚款、赔偿损失、环境信息公开等，甚至部分企业更是积极主动承担社会责任，进行技术革新、积极转变生产方式等。从短期利益来看，非生态文明型企业的行为与企业利益相冲突，然而长期来看，企业的环境社会责任之履行可以提高企业形象，与公众对生态环境质量的期待是一致的。对于非生态文明型企业的社会责任，更偏向于是一种"软约束"。对于企业来说，传统的职责主要是针对雇员、顾客、供货商的，绿色治理显然超出了其传统职责范围。对于非生态文明建设型企业是否应当承担起这一责任、承担多少责任，理论界和实践界争议较大，尚未达成统一。由于"软约束"逻辑的存在，在缺乏外在压力的条件下，很容易导致"劣币驱逐良币"的局面，即承担绿色治理社会责任的企业要承担更多的成本，在企业竞争中处于不利地位。

二、嵌入行为现状与困境分析

中央政府权力纵向嵌入具有十分重要的意义和必要性。我国是一个单一体制的国家。区域绿色治理合作通常是一个自下而上探索创新与自上而下政策肯定认可相辅相成的过程。因为在政策变迁以前，中央政府关于区域绿色治理缺乏相应的知识和经验储备，不能做出较为理性的决策，为避免决策失误所带来的损失，需要地方政府试点。而地方政府在政策允许的范围内进行协作，总结绿色治理经验，然后，中央政府根据各地方政府总结出来的经验，上升到理论层面，再制定出适合全国或一定区域内适用的政策建议。再加上地方政府绿色治理协作中遇到的利益、体制机制等各种阻碍，导致自主协作障碍重重，因此需要更高一级乃至中央政府权力的介入。例如，2005 年，由于吉林石化公司一车间发生大爆炸，使得有害物质流入松花江，松花江发生重大跨行政区水污染事故。事故发生以后，国家环保局致力于吉林省和黑龙江省之间的协调，与事故直接相关的部门，如水利部、建设部等部门也都参与此事，才使得松花江水污染事件得以有效地控制。又如，（原）国家环保部印发的《长江中下游流域水污染防治"十二五"规划》中，将逐级流域污染纳入全国重点流域水污染防治规划范围中，为长江流域各省市协作防治水污染提供指导。规划中指出"八省区市"是实施规划的责任主体，要将《规划》确定的目标、任务和治理项目落实到市、县级人民政府及相关企业和单位，并加强目标责任考核。在这种不同位阶权力上下互动的过程中，实现绿色治理制度性变迁，如与水资源相关的有《中华人民共和国水污染防治法》《城市污水处理及污染防治技术》《城镇污水处理厂污染物排放标准》等等，空气相关的法律政策有《大气污染防治法》《环境空气质量标准》《京津冀及周边地区 2017—2018 年秋冬大气污染综合治理攻坚行动方案》等。

（一）嵌入时机与程度问题

其一，嵌入时机程度与国家宏观战略协调度有待提高。从理论上讲，政府是一个追求治理目标多元化、治理效果最大化的组织，通常情况下所做的决策要多维度考量、不可执拗于某一偏好。然而现实中，多元化目标之间存在着阶段性矛盾，正如对于发展中国家或者是经济落后的国家来说，经济发展与环境保护常常表现为一对矛盾体，经济发展通常会对环境造成破坏。发展中国家或者落后的国家，由于科技水平低，管理不科学，创新能力不强，企业以廉价劳动力或者牺牲环境为代价来换取本国的经济增长。企业属于低端制造业，发展方式粗略，缺乏环保意识，对环境造成极大的破坏，而且绿色治理能力也比较差。而我国属于发展中国家，虽然我国国民总收入在世界排行第二，但人均收入在世界排行很低，经济发展仍然是我国当前的首要任务，导致无形中政策会偏向经济的发展。地方政府在工作中也会追求经济的增长，这样就很有可能导致绿色治理嵌入时机和程度与国家宏观战略协调度不佳。在国家重大经济战略制定和执行过程中，包括跨区域绿色治理在内的生态环境保护政策理应属于配套性政策同步出台、同步实施、同步考核，但现实中并没有很好的同频共振，很多地方将经济有限性发展成了一种绝对优势——"经济发展论"。例如，很多地方的开发工程，既是一项经济工程、民生工程，同时也理应是一项生态工程，属于典型的政府治理目标多元化。在这项工程中应该匹配跨区域绿色治理政策措施，然而现实生活中没有做到、做好这一点。一些省份或地方通常对污染项目"睁一只眼、闭一只眼"，盲目引进，而不惜违反国家法律法规、不顾及周边濒临地区的生态环境问题。当然，为了区域又好又快可持续的发展，以便从中获取更多的利益，也有部分地方政府高屋建瓴，已经采取了一些主动的措施来进行横向的协调以利于区域的绿色治理，但是这种协调、合作主要集中在某些经济较为发达的地区或者省份，如长三角、珠三角，而在全国大部分地方，在处理跨区域的环境问题上，较少采取主动的协调措施，而是被动处理。综合来看，在这种经济优先论、政绩考核指挥棒下，绿色治理政策的效用会大打折扣甚至是消失殆尽。

其二，嵌入时机偏重事后，事前事中嵌入较少。中央政府嵌入跨区域绿色治理事务一般分为事前嵌入和事后嵌入。事前嵌入主要包括跨区域绿色治理的规划、日常督查等，这种嵌入依赖于中央政府对地方绿色治理事务的充分考量，考量现状及可能发生的各种问题，并在此基础上做出防范性措施。可以说，成本较低、效果又好。在事前的防范方面，目前重点生态区域已经进行了规划，例如中央政府对重点河流进行的防洪规划、治涝规划、航运规划、灌溉规划、水土保持规划、水产规划等。《长江流域综合规划（2012—

2030）》对长江流域进行了全面的规划，规划的重点是"提高流域综合防洪减灾能力、提高流域水资源的综合利用能力、提高流域生态与环境的保护能力、着眼于提高流域水资源的综合管理能力"① 等。

　　然而，总体来看，我国中央政府权力嵌入跨区域绿色治理时机事后嵌入的比例依然较大，也就是在生态环境出现问题了，中央环保部门等相关部门才有效介入地方部门，协同地方环保部门一同对出现的环境问题进行治理。而且中央政府权力嵌入地方是由于外在的需要才嵌入的，属于应急式处理模式，而不是中央政府部门主动嵌入地方政府的。区域各地方政府在绿色治理中出现一些问题或者出现的环境问题非常之大时，地方政府由于人力、物力和财力有限，各地方政府才会寻求中央政府协助解决出现的环境问题，或者是区域绿色治理一直存在问题，地方政府治理能力有限或者是地方协调治理力度不大，这时，中央政府权力才会有效嵌入地方。应当说，中央政府权力嵌入地方对区域绿色治理发挥的作用是非常之大的，尤其是在重大区域性环境污染事件发生之后，中央环境保护部门所发挥的综合协调作用是最为显著的，中央部门发挥的作用包括协调、组织、指导等方面。中央政府协调组织、指导各级政府部门、社会组织、企业、公众做有关的善后工作。但是这种协调作用一般都是在污染事件发生之后，是一种补救的措施，成本较高、损失较大，事前的防范则相对较弱。

　　其三，嵌入程度不合理，过度嵌入与嵌入不足并存。中央政府在嵌入跨区域绿色治理问题的时候往往存在过度嵌入和嵌入不足并存情形，加剧了区域合作治理困境。一方面，过度嵌入的情况。在跨区域绿色治理问题上，地方政府通常依赖于上一级政府来解决，很少采取主动协调的方式。这种情况的出现，主要原因有两个：一是地方政府之间合作中的博弈造成交易费用。正因为交易费用的存在，地方政府在协商合作的时候充满了变数。② 另一方面，在单一制政府结构下，纵向府际关系上，上级政府能够通过行政命令、组织人事、投资审批等方式方法有效控制或影响地方政府的行为。当横向机制面临困境的时候，中央政府等纵向政府介入，以此来缓解区域合作的风险。在传统的科层制管理模式下，地方政府间关系依靠中央行政权力结构连接在一

① 《长江流域综合规划》（2012—2030）.
② 张紧跟. 当代中国地方政府间横向关系协调研究 ［M］. 北京：中国社会科学出版社，2006：72.

起，在这种背景下，地方政府间达成交易完全是统一服从中央政府的结果，由于不存在市场化的讨价还价和相互博弈，交易费用自然较低，实施成本也低，而且在长期的实践中，地方政府已经逐渐适应了并且认可这一制度安排，逐渐形成了稳定的预期。例如，在松花江污染事件中，吉林省相关部门在事发 9 天后通知吉林省政府，然而两省政府间并未采取任何联合解决措施，最终由国务院派出了水利部、环保总局、建设部有关人员等组成工作组才开始善后工作。在下级政府绿色治理中，也存在类似问题。如沱江水污染事件，在 2004 年 2 月下旬，位于沱江中下游的四川省资阳市境内的简阳市沿江一带有人发现大量的死鱼。但是简阳市政府一直都没有作为，直到三月份的时候，简阳市居民发现自来水有异味，而且自来水的颜色是黑的，这才引起简阳市政府的重视，简阳市政府才赶紧把情况报告给四川省政府，四川环保局才成立调查小组对沱江进行监控，寻找水污染的原因。我国跨区域绿色治理过多依赖中央政府的治理模式缺乏地方政府联防联控机制，带有运动式色彩，很容易造成污染行为的反弹。事实上，纵向权力在嵌入地方政府绿色治理过程中应该根据区域合作的类型以及交易成本的特点，有针对性地介入与各级地方政府的区域合作中去，通过中央政府纵向权力嵌入达到与地方政府横向协调有机的结合以实现交易成本最小化。在目前的权力嵌入地方共同治理环境方面即存在这种交易成本没有达到最小化或者说没有充分利用的问题，造成绿色治理的成本较高。政府制定政策的出发点是想要通过权力的纵向嵌入使跨区域的绿色治理达到标本兼治，而实际的情况则是，这种治理的结果流于表面了，浅层化是其重要特征。而且，上级政府的权力纵向嵌入与地方政府的横向协调相结合的方式从实际情况来看并没有形成可靠的具有长期联动效应的有效跨区域绿色治理模式，因此，标本兼治，如何固本成为一个亟待解决的问题。另外，纵向政府主导区域合作不仅难以解决合作难题，而且还会由于形成对地方政府的抑制而加剧区域合作困境。[①]另一方面，嵌入不足。我国纵向政府在跨区域绿色治理中还存在嵌入不足的情形。中央政府、省级政府等纵向政府掌握着大量的政治资源、行政资源等制度资源。有些制度资源是区域合作的前提条件，如果缺乏这些条件，区域合作就无从谈起。例如，我国中央政府掌握着国有资源的产权界定、环境保护责任分担等制度供给权

---

① 欧阳帆.中国环境跨区域治理研究［M］.北京：首都师范大学出版社，2014：106.

力，如果中央政府不能有效介入分配型、补偿型等区域合作中去，单凭地方政府的横向协调，很难达到预期目标。当前，我国在矿产资源开发、水资源开发利用、大气污染治理、生态补偿等方面还缺乏完善的制度体系，当地方政府需要开展区域合作时无据可依，区域绿色治理合作难以达成。

表 3-3　地方政府间交易费用

绿色职责	所属政府部门
污染防治职能	海洋、港务监督、渔政、渔业监督、军队环保、公安、交通、铁道、民航等部门
资源保护职能	矿产、林业、农业、水利等部门
综合调控管理职能	发改委、财政、经贸（工信）、国土等部门

其四，中央政府嵌入程度具有变动性，缺乏稳定性。新中国成立以来，我国中央政府与地方政府二者之间的关系经历过多次调整。期间，中央政府与地方政府二者之间的矛盾始终无法得到解决，这影响到了跨区域绿色治理的效果。不过，经过了几次权力收放以后，二者之间的关系逐渐稳定，呈现相互制衡的博弈关系。这种博弈关系涉及各级政府管理的方方面面，导致中央政府与地方政府之间的合作不易受控，使中央政府的嵌入作用时强时弱。

自新中国成立至今，中央政府与地方政府间的权力关系经历了三个重要阶段的演变。第一个阶段就是从 1949 年到 1978 年的两次权力收放循环，建国初期，我国实行高度集权的管理模式，进入计划经济时期。中央集权管理模式的好处就是中央政府能够实现对地方政府的高度控制。但随着时间的推移，高度集权管理模式的弊端也逐渐显露出来：第一，权力高度集中之后，地方政府缺乏独立性，事无巨细全都要先问过中央政府之后才能开展，不仅增加了中央政府的管理压力，还降低了地方政府的工作效率；第二，全国上下共吃"大锅饭"，容易滋生好吃懒做、破罐破摔的情况，地方政府层面上就是经济发达地区贡献大而收益小、经济落后地区贡献小而收益大，社会基层上而言就是能者多劳而少吃、懒惰者少劳而多吃，不仅降低了地方政府及基层群众的积极性，还严重激化了各级政府、各阶层民众之间的矛盾。基于此问题，中央政府在 1956 年开始大力推行权力下放。大规模的权力下放很快就激发了各级政府和各阶层民众的积极性，短期内就收到显著效果。然而，短暂的国民经济增长冲昏了各级政府的头脑，大跃进应运而生。不仅造成国家资源的极度浪费，还破坏了中央政府与地方政府之间的关系。为杜绝资源浪费和调和各级政府、各阶层民众的矛盾，中央政府决定收回下放出去的权力。1959 年 2 月人民日报发表社论《全国一盘棋》，强调国家建设的重要原则就是"全国一盘棋，集中领导和统一安排"。这篇社论的发表，标志着我国计划经济时期首次权力收放循环的结束。1966 年，"文化大革命"全面爆发，我国出现第二次大规模权力下放，与上一个权力收放循环不同，这一次权力下放混乱不堪，不仅带来了地方政府权力分割的后果，还严重阻碍了国家经济的发展。这样的混乱局面一直延续到 1976 年"四人帮"被粉碎。此后举国百废待兴，为了加强中央政府对地方政务的管控力度，建立完整的国防体系，恢复工农业生产，党中央再次展开收权行动。1978 年起，我国实行改革开放，这标志着我国中央集权管理模式再次发生转变，改革开放时期的权力下放拉开帷幕。1980 年，我国开始实行"划分收支、分级包干"的新财政体制，此后还对这一体制进行了改进，针对先后设立的 5 个经济特区实行"收入定额上交""收入上交递增包干""总额分成加增长分成"等多种形式，[①]不断尝试财权下放。不仅如此，中央政府连立法权也开始尝试往地方政府下放。1979 年 7 月 1 日，第五届全国人民代表大会第二次会议通过了《中华人民共和国地方各级人民代表大会和地方各级人民政府组织法》（以下简称《地方组织法》）。《地方组织法》第七条规定："省、自治区、直辖市的人民代表大会根据本行政区域的具体情况和实际需要，在不同宪法、法律、行政法规相抵触的前提下，可以制定和颁布地方性法规，报全国人民代表大会常务委员会和国务院备案"[②]。从此，我国省级政府拥有了立法权。此后，全国人大常委会又先后多次对《地方组织法》进行了修改，进一步加强了省级政府的立法权力。权力下放迅速激发地方政府的发展激情，度过艰难的恢复期之后，我国经济在 20 世纪末期迎来飞速发展。但也正因为权力下放得比较彻底，地方政府拥有了比较自由的事权和财权，结果就引发了地方政府间的恶性竞争和地方政府的自我防范。较常见的现象就是，财政收入低、支出压力大的地区不思进取，长期依靠中央政府的财政转移支付度日，财政收入高、支出压力小的地区不断减少税收，以降低上解。一出一进，中央政府的

① 朱旭峰，吴冠生.中国特色的央地关系：演变与特点［J］.治理研究，2018（02）：52–59.
② 《中华人民共和国地方各级人民代表大会和地方各级人民政府组织法》（1979）.

财政压力陡增，财政赤字年年攀高，很快就到了依靠地方上解来解决赤字问题的地步，最后甚至还出现向地方政府借款的情况。正因如此，财权、事权重新划分势在必行。

1994年，我国实行分税制，将当前税种的归属进行了划分，同时出台新的财政支出措施，大致上明确了中央政府和地方政府的支出责任划分。分税制实施当年中央财政收入比重就增长至55%，一举扭转入不敷出的局面。此后，我国又对相关税种和共享税种收入的分成进行了多次调整，逐渐扶正中央政府在财权、事权分配中的主体位置。鉴于计划经济时期和改革开放时期的权力收放经验，此后的多次调整都是双向性的，即既要保证中央政府的集权地位，又要满足地方政府的需求。由此可见，新中国成立至今中央政府频繁收放权，计划经济时期前后经历两个较长时期的权力收放循环，造成国家资源的浪费，一定程度上扰乱了国家向前发展的步伐；改革开放初期，又因为要试点经济特区，实现文化和经济的全面开放，中央政府不断尝试下放权力，虽然在一定程度上释放了地方政府的财政压力，但却让自身陷入赤字泥潭；实行分税制改革以来，我国中央政府和地方政府的关系呈现为中央集权和地方分权并行的态势，仍然频繁进行权力的收放。究其原因，实际上就是为了适应市场经济，平衡中央政府和地方政府的财权、事权、财力等。相较于计划经济时期和改革开放初期，这样的权力配置方式确实大大改善了中央政府和地方政府的关系。在这些因素的作用下，中央政府对地方政府的嵌入呈现为力度强弱不定，缺乏稳定性。

（二）嵌入方式问题

中央政府嵌入地方政府绿色治理府际合作存在的主要问题有以下几个方面：

其一，跨区域绿色治理府际关系的调节常依靠区域内政府的横向协调，无法妥善解决多层级、复杂的跨区域合作问题。开展横向协调是我国地方政府在应对跨区域合作问题时最常用的方式。但是，地方政府间的相互协调因为缺乏纵向政府的嵌入，而存在三个方面的弊端：第一，频繁沟通导致的沟通成本、时间成本和人力成本增加，对横向政府间的合作意向产生负面影响，增加了跨区域合作的难度；第二，容易出现利益分歧，横向政府间的利益分配缺乏第三方监督机构，容易出现利益分配不均的情况，极易造成横向政府间关系破裂；第三，跨区域合作实际上就是整合合作各方的优势资源，实现整体利益的过程。在缺乏纵向政府调控时，合作各方对利益的诉求容易受到地方保护的影响，有些地方政府在合作中会搭便车，对区域合作造成严重破坏。区域联席会议制度虽然是地方政府实现横向协调的重要机制，但是，在较复杂的跨区域府际合作中，存在以下几个方面的问题：第一，联席会议制度由合作各方政府官员组成，只是一个供跨区域合作各方进行信息交换、达成信息一致的平台，目前来看并没有相关法律法规对其提供法律供给，所以通过联席会议制度达成的协议不具备法律效应，没有强制性。所以在合作过程中就容易出现违反协议的情况，导致跨区域合作破裂；第二，联席会议制度能够促进横向政府之间的沟通和协调，但却不能解决跨区域合作中的利益划分、责任划分问题，对其过度依赖容易出现利益、职责划分风险，导致合作关系破裂；第三，地方政府横向调节发挥作用的前提就是跨区域府际合作中，合作各方实力均衡，不存在区域差异化大、政府层级多的问题。但问题是，我国政府层级多、管理链长，各区域经济水平不一致，进行跨区域府际合作，就不可避免遭遇差异化大、层级复杂问题。

其二，纵向调节缺乏稳定性，导致跨区域合作府际关系恶劣。前文提到，在跨区域府际合作中，当地方政府的横向协调无法发挥作用时，地方政府就会向上寻求帮助。但问题是，我国现行管理体制决定了中央政府对各级地方政府的纵向嵌入强度不一，缺乏稳定性，造成纵向调节成本增加，增加了跨区域府际合作的难度。具体来讲，有以下两个方面的弊端：第一，纵向政府嵌入强度过大、纵向调节过度时，纵向政府趋于收权状态，地方政府逐渐丢失财权、事权即人事权，导致地方政府无法正确发声，无法达成利益诉求。此外，纵向政府嵌入力度过大，会对横向政府产生权力压制，导致横向政府之间无法形成有效的合作机制。其最终结果就是跨区域府际合作陷入瘫痪，横向、纵向政府矛盾激化。第二，纵向政府嵌入强度不够、纵向调节不足时，纵向政府趋于放权状态，地方政府获得较大的权力自由，又因为跨区域合作中各区域政府多存在层级多、差异性较大的问题，一些经济水平较强的横向政府趋于向府际合作主导地位发展的态势，这打破了横向政府间原有的平衡，使跨区域府际合作难以顺利进行。

其三，重视正式嵌入手段而忽略非正式制度调节，造成民间团体、社会组织等非政府机构资源的浪费。在我国，地方政府在选择跨区域合作问题纵向调节机制的时候，基本上都会优先选择正式制度机制，即向上级政府（中央政府）寻求帮助，往往会忽略非正式制度机制。非正式制度机制虽然不属于直接调节机制，也没有正式制度调节机制那样具备充足的法律供给，但是，在地方政府之间、央地政府之间出现信息不对等时，非正式制度调节机制就会成为横向协调的补充机制，发挥积极作用。而且，非正式制度调节机制常常伴随非政府机构出现，如果应用得当，非政府机构作为第三方监管机构，将极大程度地降低跨区域府际合作的成本，提高跨区域府际合作的公平性。但近年来，我国地方政府重正式嵌入手段而轻非正式制度调节的情况似乎愈演愈烈。最常见的就是在两级政府分管某个项目时，常常采用两级政府分别派驻的模式进行管理。看起来这样做既不失公允，又达到了共同管理的目的。但实际上这样做往往无法达到公平共治的目的，不仅会提高两级政府的管理成本，还会增加两级政府关系破裂的概率，无益于政府间的团结协作。

可见，我国跨区域府际合作不断呈现出中央政府嵌入力度不稳定而地方政府横向调节问题重重；正式制度调节机制不断重复而非正式制度调节机制不足的态势。随着跨区域府际合作越来越频繁，府际合作中各区域政府间差异化越来越大，当前纵向调节机制越来越无法满足需求。因此，我们迫切需要构建一套符合国情，符合央地关系变化，正式管理制度与非正式管理制度相辅相成的纵向嵌入机制，以更好地发挥中央政府的纵向调节和地方政府的横向调节。

三、嵌入保障现状与困境分析

嵌入是个复杂的系统工程。从系统论角度看，纵向嵌入离不开府际关系总体视域。嵌入保障存在的问题，事实上构成了跨区域绿色治理问题的诱因。

（一）法律依据方面的问题

其一，与跨区域绿色治理直接相关的法律不健全。当前我国关于绿色治理的法律法规越来越多，全国人民代表大会及其常委会、中央政府及有关部门负责调研、制定出台关于跨区域绿色治理的政策法规体系，为全国的跨区域绿色治理行为提供行动指南。根据中华人民共和国生态环境部网站资料统计，涉及跨区域绿色治理相关的重要法律主要有：

表3-4　跨区域绿色治理相关的重要法律（国家层面）

法律名称及条次	法律条文内容
《中华人民共和国环境保护法》第20条	"国家建立跨行政区域的重点区域、流域环境污染和生态破坏联合防治协调机制，实行统一规划、统一标准、统一监测、统一的防治措施。"
《中华人民共和国海洋环境保护法》第8条	"跨区域的海洋环境保护工作，由有关沿海地方人民政府协商解决，或者由上级人民政府协调解决。跨部门的重大海洋环境保护工作，由国务院环境保护行政主管部门协调；协调未能解决的，由国务院作出决定。"
《中华人民共和国矿产资源法》第49条	"跨省、自治区、直辖市的矿区范围的争议，由有关省、自治区、直辖市人民政府协商解决，协商不成的，由国务院处理。"
《中华人民共和国水法》第12条；第17条；第45条	"国家对水资源实行流域管理与行政区域管理相结合的管理体制。国务院水行政主管部门负责全国水资源的统一管理和监督工作。国务院水行政主管部门在国家确定的重要江河、湖泊设立的流域管理机构（以下简称流域管理机构），在所管辖的范围内行使法律、行政法规规定的和国务院水行政主管部门授予的水资源管理和监督职责。""跨省、自治区、直辖市的水量分配方案和旱情紧急情况下的水量调度预案，由流域管理机构商有关省、自治区、直辖市人民政府制订，报国务院或者其授权的部门批准后执行。"
《中华人民共和国大气污染防治法》第86条；第92条	"国家建立重点区域大气污染联防联控机制，统筹协调重点区域内大气污染防治工作。""重点区域内有关省、自治区、直辖市人民政府应当确定牵头的地方人民政府，定期召开联席会议，按照统一规划、统一标准、统一监测、统一的防治措施的要求，开展大气污染联合防治，落实大气污染防治目标责任。""重点区域内有关省、自治区、直辖市人民政府应当确定牵头的地方人民政府，定期召开联席会议，按照统一规划、统一标准、统一监测、统一的防治措施的要求，开展大气污染联合防治，落实大气污染防治目标责任。"
《中华人民共和国水污染防治法》第15条	"防治水污染应当按流域或者按区域进行统一规划。国家确定的重要江河、湖泊的流域水污染防治规划，由国务院环境保护主管部门会同国务院经济综合宏观调控、水行政等部门和有关省、自治区、直辖市人民政府编制，报国务院批准。"
《中华人民共和国固体废物污染环境防治法》第59条	"跨省、自治区、直辖市转移危险废物的，应当向危险废物移出地省、自治区、直辖市人民政府环境保护行政主管部门申请。移出地省、自治区、直辖市人民政府环境保护行政主管部门应当商经接受地省、自治区、直辖市人民政府环境保护行政主管部门同意后，方可批准转移该危险废物。未经批准的，不得转移。"
《中华人民共和国环境影响评价法》第23条	"建设项目可能造成跨行政区域的不良环境影响，有关环境保护行政主管部门对该项目的环境影响评价结论有争议的，其环境影响评价文件由共同的上一级环境保护行政主管部门审批。"

近些年来，地方出台的生态环境方面的法规和规章越来越多，而且质量在

不断提高，往往根据上位法，结合本行政区划具体情况，更加注重针对性和可操作性。其中，部分法规和规章更是直接关涉到跨区域绿色治理，当然在所有法规规章中所占比重较小，而且多集中在省这一权力层级。以四川省为例，近些年出台的环保法规与规章主要有《四川省辐射污染防治条例》（2016）、《四川省固体废物污染环境防治条例》（2013）、《四川省＜中华人民共和国大气污染防治法＞实施办法》（2011）、《四川省＜中华人民共和国环境影响评价法＞实施办法》（2010）、《四川省自然保护区管理条例》（2010）、《四川省饮用水水源保护管理条例》（2010）、《四川省环境保护条例》（2010）、《四川省灰霾污染防治办法》（2015）、《四川省机动车排气污染防治办法》（2013）、《四川省放射性污染防治管理办法》（2010）、《四川省环境污染事故行政责任追究办法》（2010）等。其中，有些法规和规章条文中明确提及跨区域绿色治理。在《四川省饮用水水源保护管理条例》中第十二条规定，"跨市（州）、县（市、区）饮用水水源保护区的划定和调整，由有关市（州）、县（市、区）人民政府协商提出方案，报省人民政府批准；协商不成的，由省人民政府环境保护行政主管部门会同同级水利、国土、建设、林业、卫生等部门提出方案，报省人民政府批准。跨省的饮用水水源保护区的划定和调整，按照国家有关规定执行。"①然而经过梳理分析发现，这些法律法规中对于跨区域绿色治理方面的条文性规定较少，已有的规定也往往是一种原则性、概括性的规定，缺乏操作性，而对于跨区域绿色治理所涉及的不同行政区、不同主体、不同层级政府之间的职责、权利义务以及程序方面的规定较少，更是没有一部完整的专门性的区域绿色治理法律，因此，导致出现问题时缺乏法律依据，地方间扯皮、推诿现象频发，难以起到法律保障作用。

其二，政策稳定性过强，存在制度化倾向。我国跨区域绿色治理制度以政策形式居多，长期以政策代替法律，这主要是由于在实践之初缺乏系统的法律考虑导致的。而从相关政策出台机构来看，国务院居多，国务院承担着很大的区域绿色治理协调责任。然而要意识到，跨区域绿色治理问题是一个长期性问题、全局性问题，这种以政策代替法律的短期调控方式对跨区域绿色治理是不利的，因为缺乏法律保障，很可能会因为领导人的变迁、多重任务交叠等多种原因导致政策搁浅。而且，就政策本身而言，部分政策质量并

①《四川省饮用水水源保护管理条例》（2011）

不高，部分政策是不同行政区博弈的结果，掺合着非理性的因素在其中。脱离规律办事，就会导致效率低下，甚至是带来巨大损失，尤其是长期损失。另一方面，这种情况也会造成正式法律实施的阻碍，破坏法律体系的统一性。①

其三，守法成本大于违法成本，增加府际合作成本。我国既有的跨区域绿色治理相关的法律法规，对污染环境的企业的惩罚过轻，守法成本大于违法成本，致使许多企业宁愿违法也要获得更多的经济利益。另一方面也加大了政府机构调查处理环境违法企业的工作量，无疑会增加政府机构的行政成本，增加跨区域企业环境污染治理府际的合作成本，从而导致部分地方政府放松对污染企业的监管与治理。例如在《水污染防治法实施细则》中，罚款标准也就是违法成本是 20 万人民币，而购置相应的防污设备和器材也就是守法成本则远大于 20 万，基于企业经济理性，企业最终会以身试法，通过缴纳罚款来实现排污，保障企业的利益最大化（表 3–5）。②

表 3–5　违法成本与守法成本的经济比较

法律规定	罚款标准（违法成本）	守法成本
《水污染防治法实施细则》	20 万人民币	配备相应的防污设备和器材（＞20 万）
《水污染防治法》	50 万人民币，或水污染事故造成的直接损失的 30%	建设项目的水污染防治设施（＞50 万）
《大气污染防治法》	20 万人民币	大气污染防治设施（＞20 万）
《固体废物污染环境防治法》	10 万人民币	配套建设的固体废物污染环境防治设施（＞10 万）

其四，环境执法缺乏力度。现阶段，我国法律并非赋予环保机构强制性的执行权，导致其日常执法缺乏力度，效果不明显，违法成本低，使得地方环保部门的执法效果降低，导致往往以环境罚款到账而告结束；而事实上法律具有强制执行力，环境处罚执行到位，须由环保部门向法院申请，然而由于时间较长、法院事务繁忙等原因，执法权威性和有效性大打折扣。据统计，南通市环保部门向当地法院申请强制执行案件中，每个案件平均处理时间为 78 天，这么长的时间无疑会使得排污行为取证困难或者污染后果进一步

---

① 胡军、覃成林.中国区域协调发展机制体系研究［M］.北京：中国社会科学出版社，2014：201–203.
② 欧阳帆.中国环境跨域治理研究［M］.北京：首都师范大学出版社，2014：122–123.

恶化。①

（二）组织结构方面的问题

行政区主管环境模式造成环境协同治理的隔阂。中国自古以来就是单一制国家，历来强调"下级服从上级、地方服从中央"的隶属关系。自从两千多年前的秦王朝开始，就建立起中央集权的封建国家，一直延续到清朝灭亡，纵向的政府关系在官员和普通大众的心里根深蒂固。到如今，《中华人民共和国宪法》第三条第四款规定，"中央和地方政府的国家机构职权的划分，遵循在中央的统一领导下，充分发挥地方的主动性、积极性的原则"。地方政府的权力适用范围有限，再有主动性和积极性也仅能在其行政辖区内发生作用，所以地方政府形成了"各人自扫门前雪、休管他人瓦上霜"的行事风格，历来只重视和关心本辖区内的事务。并且，按照"下级服从上级，地方服从中央"的隶属原则，地方政府只服从上级政府的安排，为了更好的发展必须与纵向的上级政府关系保持紧密，相对而言，地方政府之间横向的互动极少。这就导致了我国横向政府间的合作一直以来都较为缺乏，地方政府之间更多的是相互竞争的对立关系。也就是说，各行政区遵循着"中央政府—地方政府"的博弈规则，很难生成"地方政府—区域共同体—地方政府"协调模式。在跨区域绿色治理方面，地方政府也就只追求本区域最大化利益或治理成本最小化。在不注重横向府际关系的土地上，各个地方政府行政区域边界如同一堵"看不见的墙"，在发生污染环境事故时，各相关地方政府习惯于报请上级政府，希望通过上级政府协调组织治理，这样既延误了污染治理的最佳时机，还耗费了一定的行政成本。我国行政区主管环境模式的隔阂阻碍了中央嵌入的跨区域绿色治理府际合作。

除此之外，过长的行政层级链也导致中央政府在政策的发布到地方政府的实际执行过程中面临一些挑战。大多数国家的纵向层级约为三层或四层，而中国的行政层级达到了五层，过长的行政层级链导致政策发布经过较多的渠道层层下达的过程中造成信息失真和政策扭曲现象。并且需要指出的是，这种政策扭曲和信息失真现象在绿色治理的各个环节中存在，并且相当严重，对于中央政府高层决策者来说，这种信息的损耗代价是巨大的，往往一项政

---

① 杨展里等.中国地方环境执政能力建设的问题与对策［J］.环境科学研究，2006（19）：122-123.

策中央政府做出了相当合理且完善的安排，但是在实际的政策执行过程中，却呈现出地方政府执行力度不够甚至执行结果最终大打折扣的现象。因此，对于中央政府来说，虽然高层决策者做出了一系列有效且可实行的关于绿色治理的方案和政策措施，但是由于这种过长的行政层级的存在，在政策的层层下达过程中，各级地方政府对于中央政策的理解偏差和认知程度不深，以及对于中央政策指令的重视度不够，很容易导致出现这种中央政府积极推动，地方政府低效治理的现象。

区域绿色治理协同机构乏力。前面已经论及，作为解决跨区域绿色问题专门成立了一系列综合协调机构，然而这些机构存在职责不明确、行政级别不高、不具有独立执法权等问题，导致效果有限。以区域环保督查中心为例，我国自 2002 年起陆续成立 6 个区域环保督查中心。依据其职责（表 3-6），有权对辖区内的环保法律实施情况进行督查、能够对跨省绿色治理问题进行调研督查。但是要认识到，区域环保督查中心发挥作用的信息基础仍然由各省市来提供，并未有一套独立的监测系统，这其中存在机会主义行为，区域环保督查中心收到的阻力和困难较大。事实上，区域环保督查中心并没有独立奖惩权、实质性查处权，所有重大行动须经过生态环境部预先批准，也无法承担起生态环境部与省级政府之间独立调节者的定位。可以说，区域环保中心仅具有派出性质，无法解决跨区域绿色治理碎片化的问题。

表 3-6　区域环保督查中心区域环境管理职能

《环保总局关于两个环保督查中心成立事项的通知》（2002 年 6 月）	《环保总局环保督查中心组建方案》（2006 年 7 月）	《环保总局环保督查中心工作规则》（2007 年 9 月）
对辖区内环境保护法律法规的实施情况进行督查	监督地方对国家环境政策、法规、标准执行情况	监督地方执行国家法规、政策、标准的情况
负责辖区内跨省区域和流域重大环境事故应急响应及重大环境污染和生态破坏案件的调查、处理工作，参与辖区内跨省区域和流域重大环境纠纷的协调工作	承办跨省区域和流域重大环境纠纷的协调处理工作	承办跨省区域和流域重大环境纠纷的协调处理
督查重点流域区域环境保护规划的执行情况		督查重点流域区域环境保护规划的执行情况
	负责跨省区域和流域环境污染与生态破坏案件的来访投诉受理和协调工作	负责跨省区域和流域环境污染与生态破坏案件的来访投诉受理和协调

（三）能力匹配方面的问题

其一，事权、财权不匹配。首先，财权分配不合理，中央政府对地方政府的财政行为嵌入不够。通常所讲的财权有两个方面的定义：广义上讲，财权是指财政管理权，包括财政收入和支出权两个方面；狭义上，财权是指财政收入权，讨论的是政府对财政收入的控制和分配。本文从广义上面进行讨论。不论是中央政府还是地方政府，在开展和实施项目时，都需要考虑财政支出和收益的问题。我国是一个权力比较集中的国家，中央政府拥有绝对的权力，表现在财政收入上就是中央政府财政收入占全国财政收入的比例较大，而地方政府财政收入占全国财政收入比重小，中央政府财政支出多，而地方财政支出少。尤其是在还未实行分税制以前，我国还曾经历过"大锅饭"和"业务包干"等财权分配模式。"大锅饭"是指统一征收统一支出，即中央政府统一控制财政收入和支出，地方政府执行中央政府的财政政策，地方政府财政收入的绝大部分需要上缴至中央政府，其财政支出需通过中央政府的审批。"业务包干"则是指，国家通过编制计划的方式来确定地方政府的财政收支基数，如果地方政府财政支出大于财政收入，中央政府将给予补助；如果地方政府财政支出小于财政收入，地方政府将按一定比例上缴多余的财政收入。表面上看，在"大锅饭"和"业务包干"这两种财权配置形式下，中央政府拥有绝对的财政自由和财政控制权，是中央的延伸，达成了央地财权配置稳定的目的。但事实恰恰相反，中央政府不仅没有实现财权自由，反而财政连年赤字；地方政府虽然实现了一定的财政自由，但也对涌现出来的新问题束手无策，一方面地方政府加强了地方税收，破坏了农业生产、工业生产的积极性，另一方面地方财政"自负盈亏"，缺乏监管，易滋生贪腐现象。

表 3-7 1990-1993 年央地财政收支对比表 [①]

年份	财政收入（亿元）		财政支出（亿元）		赤字（亿元）	
	中央	地方	中央	地方	中央	地方
1990	992.42	1944.68	1004.47	2079.12	12.05	134.44
1991	938.25	2211.23	1090.81	2295.81	152.56	82.58
1992	979.51	2503.86	1170.44	2571.76	190.93	67.90
1993	957.51	3391.44	1312.06	3330.24	354.73	−61.20

① 数据来源：历年中国财政年鉴表

通过对比表中的数据，可以发现，在分税制改革以前，中央政府财政能力薄弱，赤字比重较大且逐年递增；地方政府财政能力较强，赤字比重较小且逐年减少。中央政府的财政赤字往往需要地方政府来弥补，这便不可避免地造成了中央政府和地方政府之间的矛盾，二者在财权配置上存在博弈，导致包括绿色治理在内的许多府际合作中，中央政府都无法有效嵌入地方政府。1994年起，为扭转中央财政赤字困境及平衡中央集权和地方分权的问题，我国拉开了税制改革的序幕，全面实行分税制。所谓分税制，就是将税收进行分类，按照税种的不同对中央政府和地方政府的收入进行划分的财政体制。我国的分税制分为中央税、地方税和共享税三大类。中央税税源大而集中，地方税税源分散且税额相对较小。地方政府拥有一定的财权自由，部分税种的征收和管理权归地方政府所有，而支配权则归中央政府所有。这种复合型分税制较好地契合了改革开放初期的国情，较好地调和了中央政府和地方政府之间的矛盾，在短时间内就起到了显著作用，实行当年就一举扭转中央财政连年赤字的局面。从中可以发现，自1994年起，我国中央财政收入和地方财政收入就始终保持着较高水准的增长速度，并且中央财政收入和支出趋于稳定，不仅摆脱赤字困扰，每年还有相当可观的盈余。但与此同时我国地方财政收入则一降再降。虽然经过多年的发展，中央和地方政府财政收入占总财政收入比重慢慢持平，但中央财政和地方财政支出占总支出比重严重失衡。可见，实行分税制后，中央政府掌握了财权分配的主动权，中央财政成为国家财政的主体。

表 3-8　1994-2016 年央地财政收支对比表 [①]

年份	财政收入（亿元）		财政支出（亿元）		赤字（亿元）	
	中央	地方	中央	地方	中央	地方
1994	2 096.50	2 311.60	1 754.43	4 038.19	−1 152.07	1 726.59
1995	3 256.62	2 985.58	1 995.39	4 828.33	−1 261.23	1 842.75
1996	3 661.07	3 746.92	2 151.27	5 786.28	−1 509.80	2 039.36
1997	4 226.92	4 424.22 2 532.5	2 532.50	6 701.06	−1 694.42	2 276.84
1998	4 892.00	4 983.95	3 125.60	7 672.58	−1 766.40	2 688.63

---

① 数据来源：历年中国财政年鉴表。

年份	财政收入（亿元）		财政支出（亿元）		赤字（亿元）	
	中央	地方	中央	地方	中央	地方
1999	5 849.21	5 594.87	4 152.33	9 035.34	−1 696.88	3 440.47
2000	6 989.17	6 406.06	5 519.85	10 366.65	−1 469.32	3 960.59
2001	8 582.74	7 803.30	5 768.02	13 134.56	−2 814.72	5 331.26
2002	10 388.64	8 515.00	6 771.70	15 281.45	−3 616.94	6 766.45
2003	11 865.27	9 849.98	7 420.10	17 229.85	−4 445.17	7 379.87
2004	14 503.10	11 893.37	7 894.08	20 592.81	−6 609.02	8 699.44
2005	16 548.53	15 100.76	8 775.97	25 154.31	−7772.56	10 053.55
2006	20 456.62	18 303.58	9 991.40	30 431.33	−10 465.20	12 127.75
2007	27 749.16	23 572.62	11 442.06	38 339.29	−16 307.10	14 766.67
2008	32 680.56	28 649.79	13 344.17	49 248.49	−19 336.40	20 598.70
2009	35 915.71	32 602.59	15 255.79	61 044.14	−20 659.92	28 441.55
2010	42 488.47	40 613.04	15 989.73	73 884.43	−26 498.74	33 271.39
2011	51 327.32	52 547.11	16 514.11	92 733.68	−34 813.21	40 186.57
2012	56 175.23	61 078.29	18 764.63	107 188.34	−37 410.60	46 110.05
2013	60 198.48	69 011.16	20 471.76	119 740.34	−39 726.72	50 729.18
2014	64 493.45	75 876.58	22 570.07	129 215.49	−41 923.38	53 338.91
2015	69 267.19	83 002.04	25 542.15	150 335.62	−43 725.04	67 333.58
2016	72 365.62	87 239.35	27 403.85	160 351.36	−44 961.77	73 112.01

中央财政支出和地方财政支出是指划分中央政府和地方政府在经济社会发展中的责权并以此确定的支出。在实际运作中，中央财政占主导地位，常出现中央下指标，地方掏钱买单的情况，使地方政府面临更大的财政压力，无形当中加剧了中央政府与地方政府之间的矛盾。地方政府需要完成财政支出，只能把希望寄托在中央政府，通过中央转移支付来解决财政赤字。又因为我国幅员辽阔，各地区经济实力不同，各级政府财政收入不等，中央政府在发放转移支付的时候，会优先考虑经济实力差、发展缓慢的地区，往往难以做到面面俱到，容易出现经济实力强、财政贡献大的地区人均财政支出持续走低，经济实力弱、财政贡献小的地区人均财政支出持续走高的局面。久而久之，地方政府对中央政府产生抵触情绪，导致中央政府无法稳定有效地

嵌入地方政府。政府间财政转移混乱。如上所述，因为中央政府和地方政府之间出现财政收入和财政行为不对等，地方政府无法完成财政行为，就必然会寄希望于中央政府财政转移支付。我国政府间财政转移支付大致上可以分为一般性转移支付和专项转移支付两大类。因为在分税制改革的过程中，地方政府财权减弱，财政收入占比逐渐变小，财政支出占比却逐年增加。鉴于此，中央政府沿用分税制改革前的上解、税收返还和体制补助原则，从中央财政收入中列支款项拨返给地方政府，助地方政府解决财政赤字。这一类转移支付就是一般性转移支付，其决定因素并非中央财政盈余和地方财政赤字的变化，所以并不能起到平衡中央财政和地方财政的作用。专项转移支付是"指附加条件的政府间财政转移支付，中央或上级政府在某种程度上确定了财政资金的用途，地方或下级政府必须按照规定的方式使用这些资金"①，其最基本的特征就是专款专用，所以我们通常将其称之为"专款"。在实行分税制之后，中央政府和地方政府之间的财政转移基本上呈现为"中央流向地方"的态势。数据显示，每年中央财政收入的三分之二都以转移支付的方式拨付给地方政府，其中专项转移支付约占一半。专项转移支付因涉及面广，又需要经过比较复杂的审批流程，所以存在主观性大、分配不规范的问题。以长江中下游 H 省开展长江流域水污染专项治理为例，省政府召开会议，下达实施"治水、治企、治岸、治人"的"四治"命令，并拨付专款，要求省内长江流域各级政府积极响应，对辖区长江流域进行专项治理，以改善水环境质量。区市级政府迫于财政压力，向省政府发出请求，希望能得到更多的专款。在这个过程中，省委有关部门考虑到上下级政府合作的便捷性，可能会直接对口下级部门划拨专款，如省环保厅对口区市级环保部门，而其他区市级部门就有可能要"看脸色要钱"了。此外，在专款从上往下一层层转移的过程中，也可能出现徇私舞弊的情况，若不健全相关程序，及时干预，最终结果就是政府间财政转移混乱，中央政府无法稳定嵌入地方政府，令府际合作成为一句空话。

其次，事权界定不清晰，"缺位"与"越位"并存，导致中央政府嵌入断线。事权，简单来说就是指各级政府在公共事务和服务中应当承担的任务和职责。它规定了各级政府应当承担经济和公共事务的大小和范围，是确定各

---

① 李杰、王俊. 对专项转移支付问题的思考［J］. 魅力中国，2010（17）：89.

级政府财政支出、财权配置和财力分配的依据。因为各级政府的自我管理及府际合作覆盖面广，涉及到事权、财权和财力的分配，所以我们在讨论中央政府嵌入问题时，往往需要综合考量事权、财权、财力三要素，只有这三要素达到平衡，形成相互掣肘而不混乱的态势时，各级政府才能正常运转，中央政府才能更好地嵌入到地方政府，府际合作才能顺利进行。但是在实际应用中，我国各级政府间的事权界定不清晰，存在事权划分不明确的问题。目前的事权划分不明确主要有以下三点：第一点，中央政府与地方政府之间事权划分不明确。政府事权主要由支出责任体现，政府事权的划分实际上也被认为是支出责任的划分。因为在我国实行的分税制中，中央政府和地方政府的财政收入划分存在重叠和交叉的现象，如增值税、资源税、证券交易税等就属于中央政府与地方政府共享的收入（表3-8），所以在进行支出责任划分时就不可避免地出现了支出责任划分不明确的现象。此外，中央政府和地方政府的支出责任还存在严重的不对等情况，自1994年实行分税制之后，中央财政和地方财政就呈现中央财政收入高支出低、地方财政收入低支出高的不对等局面，虽然可以通过财政转移支付来进行适度调控，但央地间财政支出矛盾依然存在，加剧了央地政府间事权划分不明确的现象。一方面，因为地方政府财政连年赤字，无法履行支出责任，中央政府通过财政转移支付办法，尤其是在地方政府的基础建设和经济发展上，花费大量人力和财力。但问题也随之而来，因为中央政府嵌入力度过大，造成地方政府过多依赖中央政府的局面，严重影响政府间的合作。另一方面，部分应该由中央政府独立承担的支付责任，却因种种原因而落到地方政府的头上，增加了地方政府的财政压力，造成地方政府防范或疏离中央政府，结果就是中央政府嵌入力度不断减弱，央地合作不顺畅。最后，中央政府对不同地方政府的财政支持不同，导致各地区政府间矛盾激化，造成中央政府的嵌入力度在某些地区很强而在另一些地区很弱，进而影响到府际合作。第二点，地方各级政府间事权划分不明确。我国实行的是分级行政架构，各级政府的事权分配从上到下按照"一级政权，一级分配"和"下管一级"的原则进行分配。以支出责任划分为例，地方政府的支出责任划分主要分为省市级、市县级、县乡级、乡镇级等几个层级进行，上级政府有权决定下级政府的支出计划，下级政府在满足上级政府的硬性要求之外，还需要依照自身条件和需求进行调整。于是，各级政府的事权划分就交织在一起，充满变数和不稳定性。第三点，"缺位"和

"越位"并重，导致各级政府与市场的矛盾不断激化，以及各级政府间合作受阻。"缺位"主要体现在各级政府对公共服务职责的履行，我国幅员辽阔，人口基数大，政府层级复杂，导致公共服务职责履行困难或履行不到位。当前最为严峻的就是政府在社会保障、义务教育、环境保护、公共卫生医疗方面的投入不够，无法满足民众的需求。"越位"主要体现在政府对市场的调控和上级政府对下级政府的管理上。前者，因为我国财政还没有退出市场，部分盈利性领域仍然是我国财政的收入来源，当市场环境出现激烈变动，各级政府就会采取措施进行干预，比如对企业进行价格补贴和亏损补贴。也就是说，政府"越位"干涉了市场环境；因为政府层级结构的原因，中央政府的管控措施常无法深入到基层，导致公共服务职责无法履行，公共服务支出无法拨付到位。于是，处于政府结构最底层的基层政府就承担了这些本该由上级政府承担的职能。其结果就是进一步激化了各级政府之间的矛盾，导致中央政府向下嵌入的力度不够，造成中央政府嵌入断线的局面。

表 3-9　我国分税制改革中税种划分

收入归属	税种
中央收入	关税、海关代征消费税和增值税、消费税、央企所得税、地方银行和外资银行及非银行金融企业所得税
地方收入	营业税、地方企业所得税、个人所得税、城镇土地使用税、城市建设税、房产税、车船使用税、印花税、屠宰税等
央地共享收入	增值税（中央地方各享有 50%）、资源税（绝大部分为地方收入，海洋石油资源税是中央收入）、证券交易税（各享有 50%）

其二，环保系统人事权配备不足、物资条件不理想。一方面，环保系统人事配备不足。当然，在跨区域环境问题出现的同时，不少有责任心的地方政府也在进行积极的合作治理，组织机构也相对稳定，他们往往通过论坛或会议、会晤的方式，参会的各方代表就自己的意见进行反复交流最终也能够达成一致，建立了环保工作小组，有一定的实际作用，能够起到一定的效果。但由于政府部门人手有限，每年考招进来的人员也相对较少，跨区域绿色治理工作小组内的工作人员，绝大多数并不是专职的，基本都是由区域内各地方政府部门临时遴选抽调的，这样的现状很容易使得他们会不自觉地把工作关注重点放置于本职工作当中，无法全身心贯彻投入到跨区域府际绿色治理

合作的相关工作业务中去。首先，跨区域绿色治理府际合作中需要大量专业对口的人员，而地方政府抽调的大多数是行政人员，在治理中也达不到最显著的效果；其次，由于工作小组内部的工作人员分属区域内不同的地方政府、不同的政府部门，彼此间交流甚少、不够熟悉，在一起工作的时间也极为有限，造成工作配合不够默契，工作效率低等弊端。因此，虽然许多地方已经开始实行人才计划，也是希望通过政策留住更多的人才，填补政府部门人员的缺少。但是，在跨区域绿色治理府际合作中需要大量绿色治理专业对口的人员，所配备人员仍然远远小于实际所需，导致合作时间拉长、效率降低。另一方面，环境物资装备不理想。按照环境监察标准化建设标准，很多地区尤其是财政收入不理想的地区环保行政部门执法车辆、通信设备、取证设备等不足①，差距还较大，严重影响到执法能力。

（四）动力整合方面的问题

其一，地方利益缺乏表达机制。"所谓利益表达机制，是指公共政策的制定和实施过程中，公共政策作用的对象对决策者表达自身利益需要的一整套制度与方式"。中央嵌入的府际合作中，地方政府如同"生意人"，需要讲述自己的利益，表达自己的利益。健全地方利益表达机制有利于拓宽地方政府与中央政府对话的渠道，维护当地政治稳定、改良政治文化，促进当地全面发展。然而在当下中国政治生活中，地方政府缺乏利益表达的有效渠道。一方面，体制内部的地方表达机制，地方人民代表大会制度作为地方利益表达的最重要通道，常常"名"不副"实"，源于地方人民代表大会制度建设存在不足，难以真实向上反映利益需求；地方政协作为地方利益表达的重要通道，却只能参政议政，利益表达变现能力有限；另一方面，体制外地方表达机制是现行法律所禁止和反对的利益表达方式。

其二，利益冲突导致政府协同不畅问题突出。跨区域绿色治理问题，是一个关于环境保护的问题，但透过其现象来看也是一个发展的问题，其核心点在于利益。就目前的绿色治理现状来看，要破解中央政府与地方政府之间关于权利纵向嵌入式治理遇到的困境，利益是一个很重要的突破点。当前，在跨区域绿色治理中政府协同不畅主要体现在以下几个方面：第一，中央政

---

① 杨洪刚.中国环境政策工具的实施效果与优化选择［M］.上海：复旦大学出版社，2011：142.

府与地方政府间绿色治理利益冲突。中央政府考虑问题通常具有全局性、全域性以及长久性的特点，在生态绿色治理问题上，夹杂着政治、社会等各方面的考虑，代表整个国家的利益。近年来，公众对于绿色治理的呼声愈来愈高，持续不断的环境恶化影响着广大民众的健康和生存安全，也与中央政府提倡的绿色发展理念不相符合。为此，为提升政府在民众心目中的公信力，树立政府权威，满足民众对绿色治理的诉求，中央政府在各个方面采取了一系列有效的措施高调回应民众关于绿色治理的诉求。如2014年新修订版《中华人民共和国环境保护法》做出了新的变更，更加凸显了可持续发展、绿色发展、生态环境保护理念，更加明确了政府机关的监督与管理责任以及失职的处罚，更加注重生态环境信息公开与公众参与的程度、积极性，更加强调对环境违法犯罪行为的打击处理力度。《关于改进地方党政领导班子和领导干部政绩考核工作的通知》，强调"要加强对政绩的综合分析，既注重考核显绩，也更加注重考核打基础、利长远的潜绩"等，从法律方面和从对干部政绩考核方面都要求了在实际工作中的施政导向。不仅如此，在实际的工作中，中央政府还通过多种途径加大对于地方政府在绿色治理方面的扶持力度，比如通过纵向转移支付、污染治理投资等，多措并举来加强地方政府的绿色治理综合能力，不断强化地方政府的绿色治理行为，提高治理效果。除此之外，据公开数据显示，中央政府对于绿色治理的财政支持力度也很大，从2008年至今，中央政府对于绿色治理已经投入上千亿元的资金，并且这种投入仍在不断地增长，不得不说，巨大的财政投入为地方政府在绿色治理方面提供了经费支持。地方政府是"中央政策执行者"与"地方利益代理人"，在各方面资源约束条件以及政绩指挥棒下，很容易选择"经济理性人"角色，致使中央的政策执行出现梗阻变异等情况。第二，各个地方政府之间协同的利益冲突及其协同问题。区域内各地方政府经济发展水平存在差异，在"经济锦标赛""政治锦标赛"的大环境之下，利益相对独立，加之生态环境治理又处于分割型管理体制之下、治理的技术标准不统一等各方面原因，容易造成各地方政府之间实践掣肘，"抢皮球"的争利行为和"踢皮球"的推诿扯皮现象频频出现。第三，政府内部各部门之间利益冲突及协同问题。绿色治理权力并非铁板一块，而是分散于各相关部门中，铁路警察、各管一段，然而这些部门间行政级别相同，不是上下级的领导与被领导的关系。就连生态环境部内部也存在职能交叉的现象，因此事实上生态环境部无力承担起"对全国环境保护工作实施统一监督管理"；政府部门内部上下一般粗，各级生态环境行政部门职责基本一致，忽视了各级政府的侧重点，职责同构现象比较严重；此外，当前政绩考核指标体系仍侧重经济导向，行政运行资源的不独立，致使生态环境部门地位边缘化，而上级部门对下级部门也缺乏行之有效的监督约束。第四，公务员与政府机构间利益冲突及协同问题。处于政府组织机构内的公务员主体具有双重角色，既是一个公务人员，也是一个有感情色彩的自然人，这就很难保障公务员所有的行为做到完全理性客观，多多少少会带有"理性经济人"色彩，在执行公共事务角色时，追求个体利益的现象并不鲜见，"或者偏重于绿色治理投入资金等可量化的显性指标，忽视绿色治理的效率与效果，或者将绿色治理的手段转化为目标，或者以权谋私与绿色治理的破坏力量实现结盟"①，等等，这一现象值得关注。

（五）激励约束方面的问题

其一，绩效考核的障碍。在我国，行政体制由国务院（中央人民政府）、省政府（直辖市政府、民族自治区政府）、地区级市政府（地区行政公署、自治州政府）、县政府（县级市政府、县级区政府）、乡政府（镇政府）五级政府构成，这样金字塔式的块状行政管理体制的同构性使得逐级淘汰的晋升激励得以推行。地方官员从最低级职位逐步被提拔，每晋升一个级别，将会得到更好的名声名望和工资待遇，对地方政府官员有强大的吸引力。然而，中央政府对每一级别任职的官员又有着严格的年龄要求，强制性退休制给地方政府官员施加很大压力，如果在某一年龄阶段未升到某一级别，也就意味着机会的丧失。十一届三中全会之后，党和国家的工作重心从阶级斗争转移到经济建设上来，中央和地方都在大刀阔斧地进行经济改革，中央对地方官员在任期内的经济绩效尤为重视和强调。近些年，虽然地方政府政绩考核体系向绿色 GDP、注重公众社会福利等方面转变，然而在实践操作过程中并未发生实质性的变革，遇到了很多阻碍。再加上现有各种指标的统计与考核是以行政区为界限，并未有将地方政府对濒临地区可持续发展和公众福利的影响计入其中，因此，地方政府府际合作的动力就不会被充分调动起来，从而影

---

① 张雪.生态文明多元共治的利益悖论及共容路径探析［J］.云南社会科学，2018（3）：80–84.

响区域绿色共同体的生成。①

其二，中央对地方政府绿色治理缺乏有效的监督。现存法律体系并未明确界分中央政府与地方政府的职责权限，再加上上级政府对下级政府监督标准和监督手段的落后、监督程序不够健全等原因，导致中央政府对地方政府的监督缺乏效力。②

其三，责任承担主体的问题。在现行法律体系中，当发生生态环境污染事件时，责任的承担主体一般是环境保护监管人员或其他工作人员，而行政机关作为监督的主体单位却不承担法律责任，这样很容易导致真正责任主体的错位，造成环保监管不力。

（六）信息支撑方面的问题

在当前信息技术高速发展的社会，充分的信息成为制定初始决策和跟进决策的必要前提。信息交流贯穿于中央嵌入跨区域绿色治理府际合作的整个过程。无论是在合作之前的准备、缔约，还是合作过程中的执行、监督，抑或是合作后的分享、总结，都需要政府间进行充分的信息交流。然而当前府际合作的嵌入机制在信息支撑方面，却出现了信息不对称的问题：

其一，环境监测仪器和监测技术手段运用未能完全统一。环境监测仪器和监测技术手段运用方面，只有实现标准化，才具有交流的真实性。由于我国地域面积辽阔，东西部经济社会发展差距大，致使地区的环境检测仪器和检测技术手段运用未能完全标准化操作，事实上是存在差异的。例如，各地方生态环境部门所采用的空气质量检测仪器等设备一般都是通过各地政府采购中心，通过招标、比选等方式来获取，那么，问题就在于设备的生产厂家、生产年限以及设备本身的质量等方面都会有所不同。虽具有《环境空气治理监测规范（试行）》作为指南，然而各地总是会存在具体情况的差异，因此，在监测网点布置、监测方法的运用与操作上，未能统一，从而不可避免地对监测结果产生一定的误差。例如，在同一区域内，有 A、B 两个相邻政府，A政府经检测某种污染物超标需要进行协商合作治理，而相邻政府因为环境监测仪器或监测技术手段的不同发现该污染物尚未超标，没有进行协商合作治

---

① 苏斯彬. 竞争性行政区经济与区域合作模式重构［M］. 杭州：浙江大学出版社，2016：33.
② 石佑启、陈咏梅. 法治视野下行政权力合理配置研究［M］. 北京：人民出版社，2016：152.

理的必要，最终导致跨区域绿色治理府际合作化为乌有。这就是环境监测仪器和监测技术手段运用未能统一造成数据误差直接影响跨区域绿色治理府际合作。

其二，信息公开与共享机制尚未健全。信息公开与共享机制是政府合作的前提条件，但是建立信息公开和共享机制更多的是由地方政府来买单。信息公开和共享机制的建立和完善前期需要大量的经费投入，后期需要持续的经费支撑。在建立的时候可能大幅度地提升交易费用，导致政府合作的低效，在后期又需要源源不断的经费维护，容易导致政府合作提前终止。知己知彼，方能百战不殆。缺少信息公开与共享机制，使得政府与政府之间，政府各个部门之间就算有区域绿色治理信息也难以互通共享。信息充分是区域合作产生的基础，当信息不充分时，特别是关键信息的信息缺少共享交流时，政府间合作技能就丧失了。

其三，信息寻租和信息封锁行为。在政府组织里，政府将某一领域的管理权授权给部门，也就是部门代表着政府的意志和形象。然而，由于诸多原因，各部门间出现部门权力利益化的问题，尤其是占有着一些项目的审批权力，这就出现了信息寻租的可能性。再加上当前我国的官员晋升激励机制，同级官员竞争一个上级职位，"你上则我不能上"，导致大家处于一种博弈状态，人为限制了信息的流动[1]。对于一些建立了信息公开和共享的地区，数据真实性如何检验是一个问题。而由于监督成本较高，这就给了地方政府虚报、假报信息的机会主义空间。

第三节　本章小结

跨区域绿色治理府际合作，是跨区域合作全方位升级的客观需要，是跨区域绿色公共产品供给的现实衡量，同时也是行政管理改革的内在要求。通过对环渤海地区、长三角地区、泛珠三角地区等典型地区案例的梳理，我国的跨区域绿色治理府际合作实践始于 21 世纪初，经过十余年的不断发展探索，取得一定的成效，主要体现在绿色治理府际合作理念的树立、府际合作

---

① 张维迎.让沟通无限——电子政务中的互联互通［J］.信息化建设，2004（4）：10-13.

内容的扩展、府际合作组织的设置、府际合作机制的优化以及府际合作技术的协同等方面，但是仍然存在不少问题和缺憾，中国跨区域生态环境状况严峻的局面仍然未能根本性改善，亟待进一步的分析和解决。当前我国跨区域绿色治理府际合作并未达到预期理想的效果，其原因是多方面的。鉴于国家权力在跨区域绿色治理当中的地位，其自身的问题是治理绩效不理想的重要原因，需要认真审视。本章从嵌入前提、嵌入行为、嵌入保障等三个方面来分析跨区域绿色治理府际合作中国家权力纵向嵌入现状与困境，并提供了详细的解释。

第四章　嵌入前提：科学划分职责权限

权限划分是中央与地方关系的基础与核心，科学划分中央政府与地方政府的职责权限可以为规范中央与地方关系提供前提和依据。在当前我国单一制的制度框架内，地方政府是落实中央政府各项环境治理政策的主要践行者，而从当前央地关系发展的现状看，在中央集权的体制下权责不一、中央政府权力集中与责任碎片化、地方政府权力受到制约，各级政府信息传达与接收的结构性矛盾，导致在治理跨区域的环境问题时效果欠佳。因此，科学合理的职责权限划分势在必行。

第一节　中央地方各级政府绿色治理职责权限界定

应该明确、科学地划分中央和地方在环境区跨区域治理中的职责范围，实现中央权威性与地方政府灵活性有机统一下的动态平衡状态。界定中央政府与地方政府绿色治理职责，主流的思路是"影响范围原则"[①]，即按照生态环境事项影响范围属于"全国性或跨省性"还是"本行政区"，中央政府与地方政府应各自负责权限范围内的事务，并在此基础上以此确定各自的核心任务领域，进而配备相应的职权，做到职责明确，各级政府在执行权力时有的放矢。原则上，凡属于"全国性""全社会"的环境问题，属中央政府职责；属于"区域内"的环境问题，属地方政府职责。对于"跨行政区"的事务，由于行政区逻辑与生态功能区逻辑的不相一致，上级政府的介入显得尤为必要。在这一方面，发达国家给我们提供了很好的参考。众所周知，西方发达国家工业化较早，其环境治理经历了"先污染后治理"的道路，对于像大气污染这样的跨行政区问题，西方发达国家的经验是根据形势的变化通过司法调解调整各方责任，调整的结果是趋向于发挥中央政府在其中的主导作用。例如，在美国，大气污染治理最早的责任者为州政府，最早的州立法为 1952 年的俄勒冈州，此后各州纷纷效仿，至 1960 年达到了 8 个州，1970 年达到 50 个州。

---

① 侯永志、张永生、刘培林.区域协调发展：机制与政策［M］.北京：中国发展出版社，2016：123.

而自 1970 年《清洁空气法案修正案》开始，大气污染治理的职责开始由地方政府转移向联邦政府（表 4-1）。

表 4-1　美国大气污染治理的主要法律和内容

时间	法律法规	内容
1955 年	空气污染控制法案	联邦政府首次步入了污染控制领域，拨付联邦资金支持各州支付空气污染研究与培养技术管理人员
1963 年	清洁空气法案	为空气污染研究提供联邦支持、对各州污染控制机构提供联邦协作，导入跨境空气污染问题的联邦协调机制
1967 年	空气质量法案	为各州提供资助，要求各州建立"空气质量控制区"，设立全国中心确认切实可行的污染控制技术
1970 年	清洁空气法案修正案	联邦政府建立国际环境空气质量标准，为一般空气污染物的所有新排放源制定联合排放标准
1977 年	清洁空气法案修正案	清洁区域必须维持现有空气质量，国家公园与联邦野生区环境能见度的保护和提高
1990 年	清洁空气法案修正案	所有固定污染源必须获得经营许可证，提议建立跨州空气质量管理区

资料来源：[美] 保罗·波特尼、罗伯特·史蒂文斯. 环境保护的公共政策 [M]. 上海：上海三联书店，2004：109-129.

我国中央与地方政府间绿色治理职责界定还应当遵循我国既有的权力分配的原则。"根据发挥中央和地方两个积极性的原则，规定中央与地方适当分权，在中央的统一领导下，加强了地方的职权，肯定了省、自治区、直辖市人大和人大常委会有权制定和颁布地方性法规"①。要充分明确中央政府及地方政府的位置、作用及核心领域，遵循业务同类和职责权相称的原则，使得各级政府有各自专门管辖领域并在其中具有全部权力；另一方面，也要考虑国家权力结构，通常在国家政治——行政的金字塔结构中，越是位于塔顶的政治性职能则越多，越是位于塔基的公益服务性职能越多。在此原则下，考虑哪些权力是中央所专有，哪一些属于地方所专有，哪一些属于中央和地方共有。权力一定是具有排外性的，中央专有权力，地方不能分享越权；地方专有权力，中央也不可干涉；中央和地方共有权力，两方都不可独享，这样才能保障权力的权威性。②

①　三中全会以来重要文献汇编（下）[M]. 北京：人民出版社，1983：1193.
②　陈瑞联，等著. 区域公共管理理论与实践研究 [M]. 北京：中国社会科学出版社，2008：152.

根据以上原则，结合我国绿色治理分权的实践摸索，在目前单一制的制度框架内，中央政府掌握着宏观层面环境治理的政策策划，统一安排全国范围内的公共政策事物。生态环境治理因其特有的整体性特点，正需要一个最权威和最高等级的治理机构来统一安排各流区范围内地方政府共同协作治理，因此，中央政府作为宪法规定的我国政治体系中最权威、最高等级的政府，理应负责统一管理国家范围内绿色治理事务。而作为有限范围内独立的利益主体、承担将中央政府各项政策法规落实到环境治理的实际过程中的实际执行者，处于塔基的各级地方政府在跨区域的环境治理过程中显然具有更为重要的作用。地方政府对绿色治理必要性的认同程度、参与积极性以及治理知识与技能的掌握程度直接影响着中央政府各项政策措施最终被执行结果的好坏（表4-2）。因此，应该明确中央与地方各级政府在此项环境治理过程中所扮演的角色，不越权，不懒政，推进央地关系法治化。在中央、地方政府职责权力界定上，要体现在法律条文中，尽量用列举的方式加以具体规定，切忌原则化表述；对于中央、地方政府间权限争议问题，由相对独立的专门机构进行裁决，不可由中央政府一家决定；对于中央、地方政府间结构形式、运作形式以及职责变更等问题，要制定程序法，不可随意更改，保持中央、地方政府间关系的相对稳定性，为中央、地方政府职责界定提供坚固的法律保障。

表4-2　按照事项影响范围原则的中央和地方环境职责划分 [①]

中央政府环境职责	地方政府环境职责
1. 全国性的统一规划和政策制定的战略性工作。 2. 对全社会污染减排监测、执法，对全国环境保护的评估、规划、宏观调控和指导监督。 3. 负责具有全国性公共物品性质的环境保护事务等全局性工作。 4. 主导负责一些外溢性很广、公益性很强的环境基础设施的建设投资，跨地区、跨流域的污染综合治理，特别是加强对重点流域、大气和土壤面源污染防治的投入。 5. 国际环境公约履约、核废料处置设施建设、国家环境管理能力建设。 6. 全国性环境保护标准制定、环境监测建设等基础性工作。 7. 组织开展全国性环境科学研究、环境信息发布以及环境宣传教育。 8. 平衡地区间环保投入能力，完善纳入环境因素考量的一般性转移支付制度，实施环保专项财政转移支付等。	1. 辖区环境规划、地区性环保标准的制定和实施。 2. 辖区内的环境污染治理，如垃圾、固体废物无害化处理，区域内大气环境的保护和改善。 3. 辖区内环境基础设施建设，如污水处理厂投资、建设、营运。 4. 地方环境管理能力建设，包括环境执法、监测、监督等。 5. 辖区所属单位的环保宣教、科研等。

① 资料来源：苏明、刘军民.科学合理划分政府间环境事权与财权［J］.环境经济，2010（7）：16-25.

第二节 地方政府间绿色治理职责权限界定

结合当前我国政治权力与行政体制架构、跨区域绿色治理规律等情况，跨行政区府际合作治理责任分担机制的内容应包括两个方面的内容：其一，明确区域性生态环境污染防治目标责任，明确其治理责任应当由全部的利益相关主体共同承担。这主要是考虑了以下因素，一是该地区的各个活动主体，都在生产或生活过程中不同程度地影响到了生态环境质量，产生了较大的危害；二是绿色治理的成果为区域内的各主体共同享受，属于典型的公共产品。再加上生态环境治理本身的规律等其他原因，使得形成绿色利益共同体，责任共担势在必行。其二，根据各主体认可的规则及实际参与状况，科学划分各主体的责任。"首先是利益关系，然后才是权力关系、财政关系、公共行政关系"[①]，想实现区域的整体责任，必须保障区域内各地方政府间责任分担的公平性和利益关系的均衡化。以生态环境污染治理为例，需要综合考虑"谁污染、谁治理"原则以及隐含的不公平现象。在生态环境事件中，"谁污染、谁治理"原则具有一定的合理性。因为污染本身是由工厂、家庭等所产生的，为了提高生态福祉，承担治污责任是有必要的，而且区域排放清单、污染物排放总量控制制度、大气排污权交易制度等政策工具也使得这一原则具有了可实施性。然而，这一原则虽然简便，深入分析却存在一定程度的不公平问题。例如，污染源所在地并非一定是产品消费地，有存在污染转嫁的可能性。各地的产业体系布局并非完全是根据市场原则确定的，而往往要受到行政区划级别、功能定位、人口数量、面积、地形地貌、政治意志等诸多因素的影响。对于一些会造成环境污染的产品，往往会布局在某一区域城市圈的外围地区，而消费的主体恰恰在于该区域的核心区域人群中，显然如若遵守"谁污染、谁治理"原则，是有失公平的。再如，某一行政区内相对落后的地区，尤其是在环境污染事件中往往承担着较多高耗能、高污染企业，在绿色治理压力下会承受着较大的减排压力，加大财政压力，也可能会对公民的就业产生影响，牵一发而动全身。因此，界定跨区域绿色治理各地方政府间责任，要综合考虑各行政区域间差异，尤其是要核算各行政区所承担的真实责任，这样才能真正推动整体化治理。

---

① 余敏江.论城市生态象征性治理的形成机理［J］.苏州大学学报（社会科学版），2011（3）：52–55.

地方政府间绿色治理责任分担内容界定清楚后，需要通过一系列操作机制予以落实，这一机制可以总结为"责任共担、任务界分、成本分担"。"责任共担"机制，在跨区域绿色治理府际合作中，"和谐的关系取决于沟通，而顺利的沟通取决于相似的价值观"①。要通过法律法规等方式，用制度化的方式明确各方在绿色治理中的法律职责义务，培养起绿色治理府际责任共担的意识，孕育府际间的信任资源；"任务界分"机制，综合考虑"谁污染、谁治理"以及其他原则，核清各地方政府间真正的绿色治理责任；"成本分担"机制，通过生态补偿等政策工具，矫正"谁污染、谁治理"等类似规则的偏差，权衡绿色治理各方利益，做到相对公平公正。三个子机制前后相连、相互作用（图4-1），解决管理碎片化问题，提高区域绿色治理的积极性和成效。

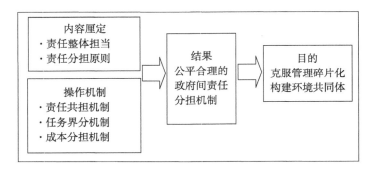

图4-1　跨区域绿色治理中府际责任分担机制图

第三节　政府部门间绿色治理职责权限界定

关于政府部门间绿色治理职责，前面已经述及职责交叉重叠现象。为解决这一问题，需深入分析根源，分析政府各部门设置的理论依据。事实上，政府部门职责交叉问题是科层制组织下所面临的一个问题。依据《中华人民共和国环境保护法》第7条，"国家海洋行政主管部门港务监督、渔政渔港监督、军队环境保护部门和各级公安、交通、铁道、民航管理部门，依照有关法律的规定对环境污染防治实施监督管理。县级以上人民政府的土地、矿产、林业、水利行政主管部门，依据有关法律的规定对资源的保护实施监督

_____

① 乔尔·布利克、戴维·厄恩斯特.协作型竞争·前沿［M］.北京：中国大百科全书出版社，1998：3.

管理。"①涉及绿色治理的部门高达15个。按照科层制逻辑，政府部门的设置体现劳动分工原则，有助于政府组织效率的提高，这事实上是官僚制结构设计的隐含假设。官僚制逻辑还强调权威性，每个政府部门具有对某一领域的管理权，而且得到国家权力授权，构成垂直的授权体系。然而，"政府体系本身不是铁板一块，它由不同职能和利益的个体和部门构成。"②这种分头管理在实践中导致各部门间形成自己的利益激励，或者抢功劳、抢利益，或者推诿责任"踢皮球"，防止自己部门成果外溢的同时对其他政府部门工作构成阻碍，倾向于对自身有利的审批性职能而有意无意忽视监控性职能（表4-3）。

表4-3　环保相关部门的监控性职能和审批性职能 ③

部门名称	监控性职能	审批性职能
财政部	审批与环境项目、计划相关的国外贷款和国内金融分配	资金审批和拨付
建设部	城市环境问题，尤其是环境基础设置，例如水源供给、废水处理工厂、对固体废物的管制	城市规划和城市建设
林业局	森林保护、植树造林、生物多样性和野生动植物的管理	林业开发
水利部	控制沙土侵蚀、地下水质量，以及在城市外的分水岭管理	水利建设和水资源开发
气象局	地区性空气质量的管理	气象信息发布
自然资源部	土地使用计划，矿产和海洋资源的管理，以及土地的复原；地图绘制和土地清册的管理	土地用途规划、审批
交通部	与我国环境保护部共同负责车辆排放尾气的控制，执行工作归属公安部负责	驾驶员培训和车辆检测
卫计委	监控饮用水的质量以及相关病疫的发生	用水设备检测
科技部	研究开发环境科学和技术的领导机构，负责协调全国各项环境研究计划，包括与国际伙伴的合作	各类技术开发
海洋局	管理沿海和海洋水资源，包括海洋生物多样性的保护	海洋资源开发

　　针对我国政府部门间绿色治理职责方面的羁绊，要强化环境保护部门职能，逐步推进环境体制改革。针对生态环保管理职能分散交叉现象以及环境保护局上升为环境保护部、变更为生态环境部的行政设置等背景，应当按照积极稳妥实施大部制改革的行政体制改革总体思路，逐步将分散在各个部门

①　中华人民共和国环境保护法（2014）.

②　［美］安东尼·唐斯. 官僚制内幕［M］. 郭小聪，译，北京：中国人民大学出版社，2006：229-230.

③　资料来源：李瑞昌. 理顺我国环境治理网络的府际关系［J］. 广东行政学院学报，2008（12）：28-32.

中的生态环保职能适度集中和重组,实现环境保护部门的内生式改革,使环境保护部门真正做到《中华人民共和国环境保护法》所规定的"统一监督管理"。对于具体的整合方案,学术界进行了积极的探索,提出了不同的建议。例如,环境、资源和生态保护于一体的大环境部方案;污染防治与生态保护组合方案等等。事实上,在行政体制设置中,存在协调成本的问题,倘若某一行政部门职能较多,必然会遭遇综合管理与专业管理的矛盾,内部的行政协调成本必然增加,从而减弱合并带来的行政效能的提高。因此,在现有的行政体制下,采取渐进式的环境行政体系集权应当是行政改革的科学化要求。近期来看,自然资源所有权归自然资源部统一行使、监管由生态环境部负总责;污染防治集中归生态环境部负责;相应的生态环境保护职能更倾向于放到自然资源管理部门当中。这样,通过比较明确的职能划分,强化环境保护部门的职能,使其能够在国家政策制定体系中有更大的发言权以及在社会主义生态文明建设中发挥更大的作用,真正成为生态文明建设的主阵地。

第四节 政府、企业、社会公众绿色治理责任边界

政府的绿色治理责任界定。政府绿色治理责任的确定应当遵循环境公共产品效用最大化原则,通常采用行政手段、法律手段、宣传教育手段、技术手段以及经济手段等。具体来说,政府应当首先承担起规制、管理和监督的职能。当前我国已经确定了社会主义市场经济体制,并且处于不断完善之中,政府的重要职责之一便是对市场经济进行规制和监督,更由于我国的社会主义国家性质,相对于其他国家,政府对绿色治理的规制与监督作用应当更加强调,例如,制定生态环境法律法规、编制各类生态环境治理的规划、开展环境污染治理和变化的监督管理、进行环境领域的科学研究、制定环境标准、环境信息的监测以及发布、环境的宣传教育,此外,助推形成恰当科学的市场竞争及约束机制,使企业污染行为尽可能内部化而非转嫁于消费者。政府还应当承担起绿色公益行为,如大型生态环境基础设施建设、跨区域环境污染治理工程、国际生态环境公约的拟定和签署、城市生活污染的处理、环保科技特别是环保共性技术或基础技术的研发工作等,而对于具有营利性、可以采取市场运作的环保产品和技术,则应该由企业来完成;对于不直接获利

但存在绿色治理优势的企业或个人，政府则应该通过合理的规则，确保企业和个人向污染者或使用者收费，刺激其积极性。

企业的绿色治理责任界定。在市场经济条件下，企业在绿色治理中同样发挥巨大作用。一方面，遵循污染者付费原则。企业应当遵循相应的生态环境法律法规从事经济活动，对于所产生的污染，应该承担治理的责任，使污染外部成本实现内部化，绝不能转嫁于消费者。具体的方式可以多元化，如企业内部处理污染物、向污染治理专业化企业购买治污服务；排污权交易、交纳排污费等。另一方面，对于直接从事环保事业的组织，如污水处理、环保技术设备的研发、环保咨询服务等，应当遵循投资者受益原则。

社会公众的绿色治理责任界定。社会公众在绿色治理中具有双重角色，既是污染制造者同时也是污染受害者。一方面，作为前者，公众应遵循污染者付费原则，有偿购买绿色公共产品，例如，交纳污水处理费和垃圾处理费；另一方面，作为污染受害者，政府应当发挥在绿色治理监督中的作用，通过志愿服务、公益诉讼、新闻媒体等方式监督政府以及企业的经济行为，确保信息对称，保护自身利益的同时实现生态环境问题的处理。

政府、企业、社会公众三元主体在绿色治理中均发挥着重要作用，相辅相成（表4-4）[①]。需要注意的是，要特别关注随着经济社会发展而新生的绿色治理事权以及边界不明确的事权。只有界定清楚事权，才可能发挥多元协同作用。

表4-4　政府、企业、社会公众的绿色治理职责划分[②]

绿色治理主体	职责划分所依据的原则	主要职责	主要手段
政府	环境公共物品效用最大化原则	制定法律法规、编制环境规划；环境保护监督管理；组织科学研究、标准制定、环境监测、信息发布以及宣传教育；履行国际环境公约；生态环境保护和建设；承担重大环境基础设施建设；跨地区的污染综合治理工程；城镇生活污水处理；支持环境无害公益、科技及设备的研发、开发与推广，特别是负责环保共性技术、基础技术的研发等。	行政手段、宣传教育手段、经济手段

---

① 苏明、刘军民. 科学合理划分政府间环境事权与财权［J］. 环境经济，2010（7）：16-25.

② 资料来源：苏明、刘军民. 科学合理划分政府间环境事权与财权［J］. 环境经济，2010（7）：16-25.

续表

绿色治理主体	职责划分所依据的原则	主要职责	主要手段
企业	污染者付费原则、投资者受益原则	治理企业环境污染，实现浓度和总量达标排放；不自行治理污染时，缴纳排污费；清洁生产；环境无害工艺、科技及设备的研究、开发与推广；生产环境达标产品；环境保护技术设备和产品的研发、环境保护咨询服务等	技术手段、经济手段、法律手段
社会公众	污染者付费原则、使用者付费原则	缴纳环境污染费用、污染处理费；有偿使用或购买环境公共用品或设施服务；消费环境达标产品；监督企业污染行为等	法律手段、经济手段、宣教手段

第五节　本章小结

科学划分与配置政府行政权力，实现多方利益诉求与治理法理性、科学性相结合，这是嵌入前提所要达成的目标。关于中央政府与地方政府绿色治理职责的划分，主流的思路是遵循"影响范围原则"，各自负责权限范围内的事务，充分发挥中央和地方两个积极性的原则。原则上，凡属于"全国性""全社会"的环境问题，归中央政府职责；属于"区域内"的环境问题，归地方政府职责。对于"跨行政区"的事务，由于行政区逻辑与生态功能区逻辑的不相一致，上级政府的介入显得尤为必要。地方政府间绿色治理职责权限划分，应包括两个方面内容：其一，明确区域性生态环境污染防治目标责任，明确其治理责任应当由全部的利益相关主体共同承担；其二，根据各主体认可的规则及实际参与状况，科学划分各主体的责任。在地方政府间绿色治理责任分担内容界定清楚后，需要通过一系列操作机制予以落实，这一机制包含"责任共担机制、任务界分机制、成本分担机制"。关于政府部门间绿色治理职责，需分析政府各部门设置的理论依据。针对我国政府部门间绿色治理职责方面的羁绊，要强化环境保护部门职能，逐步推进环境体制改革。而政府、企业、社会公众三元主体在绿色治理中均发挥着重要作用，相辅相成。政府绿色治理职责界定遵循环境公共物品效用最大化原则；企业绿色治理职责界定遵循污染者付费原则、投资者受益原则；社会公众绿色治理职责界定遵循污染者付费原则、使用者付费原则。

第五章　嵌入行为：有效甄选时机、程度与方式

第一节　国家权力纵向嵌入的时机与程度

一、交易成本与跨区域绿色治理机制关联机理

根据前述理论基础与分析框架，跨区域绿色治理中国家权力嵌入时机与程度的选择，应当遵循交易成本最小化的原则，具体治理机制运作图如下（图5-1）。

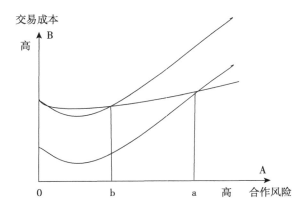

图 5-1　交易成本与跨区域绿色治理机制关联图

在该图中，横向轴代表纵向府际关系协调机制，即国家权力自下而上发挥作用的机制，我们将其简称为 A 机制；纵向轴代表横向府际关系协调机制，即充分发挥地方政府间绿色治理的协同配合，我们将其称为 B 机制。根据交易成本与跨区域绿色治理机制关联逻辑，跨区域绿色治理合作性质决定了在 0 风险情况下 A、B 机制交易成本的初始值状态，可见，横向府际关系协调机制 B 机制的交易成本最初始值要低于纵向权力嵌入 A 机制交易成本的初始值。而纵向作用 A、横向作用 B 两个作用机制交易成本曲线的形状，则是由多个跨区域绿色治理合作风险综合作用、相互影响的结果。伴随跨区域绿色治理合作风险渐次增大，B 机制的交易成本会随着不断升高；当处于 A、B 两个机制的交叉点 a 时，纵向权力嵌入机制 A、横向协调机制 B 机制两者的交易成本相同；而当跨区域绿色治理合作风险进一步增大，此时此刻横向协作机制

B 机制交易成本值就要逐步高于国家权力纵向嵌入 A 机制的交易成本值。因此，横向协作机制 B 机制的交易成本值，与区域间差异化程度呈正相关关系，与政治权力分散程度变化的影响呈反相关关系。

二、国家权力纵向嵌入的时机与程度选择原则

其一，当跨区域绿色治理合作风险处于较低水平时，此时应该充分发挥横向府际关系协调机制作用，强调地方政府间的自主合作，而谨慎使用国家权力纵向嵌入机制。在此种状态下，发挥各地方平级政府之间的合作积极性，尽量采取协商、谈判的方式，不具有强制性。而纵向政府权力嵌入则不属于区域绿色治理中的原生权力，是第三方权力，它的嵌入会压抑各地方政府合作的积极性，使得本来相对简单的治理合作状态区域复杂化，交易成本增加，在图中体现为跨区域合作风险值小于 a 时候，地方政府横向协作 B 机制交易成本要小于纵向权力嵌入机制 A 机制的交易成本，可以说地方政府横向协作机制成为最优选择。以两个县的跨区域治理为例，X 市所辖的 T1 县和 T2 县边界有一条小型山脉，按照中央行政划分，两县分管这条山脉。这条山脉是两条河流的发源地，分别流向 T1 县和 T2 县，成为两县重要的饮用水来源。为了保护水源地不受损害，两地决定开展合作，共同对交叉地带的河流进行保护。可以看出，在这一案例中，两地跨区域绿色治理合作风险较低，两地主动合作的动力较强，宜充分发挥横向府际关系协调机制作用，慎用纵向府际关系协调。

其二，当跨区域绿色治理合作风险处于较高水平的时候，应当根据不同的跨区域合作类型有区别地决定国家权力纵向介入的程度。可以说，四种跨区域合作类型，其合作风险也是不同的。互补型合作主要是利益协调风险，共享型合作主要是利益协调和监督执行风险，吸纳型合作和补偿型合作除了前两类风险外，还存在利益分配风险。随着跨区域绿色治理合作风险的加剧，各地方政府间横向合作治理的协调成本与之同时上升，即便是同一种治理工具，在不同类型的合作中呈现出不同的适用性。总而言之，当跨区域绿色治理合作风险大于 a 时，国家权力纵向嵌入 A 机制的交易成本值要低于地方政府横向协作 B 机制的交易成本值，国家权力纵向嵌入 A 机制应该更为合适。以长三角环境污染综合治理为例，因为人口密度过大，流域内工业企业多，

又长期沿用先破坏后治理的落后治理机制，长三角环境污染问题一直都是老大难问题。20世纪末期，中央政府做过几次动员和批示，要求长三角流域各级政府加强绿色治理的力度。但因为改革开放开始，中央政府持续地尝试权力下放和进行特区试点，导致长三角流域行政区域划分存在一定程度的区域壁垒。以治理水污染为例，长三角流域各级政府有过多次横向府际合作，但几乎每一次都会落入"刚治理，又破坏"的怪圈。究其原因，就是因为在横向府际合作中，各级政府为了规避自身风险和压缩治理成本，不断尝试"搭便车"，致使区域间合作治理成为一句空话。按照常见跨区域绿色治理合作类型进行分析，长三角绿色治理的横向府际合作有以下几个方面的弊端：第一，当流域内横向政府合作趋于利益互补时，各区域政府因无法打破行政区域壁垒而产生过高的信息沟通成本和协调成本；第二，当流域内横向政府合作趋于利益共享时，各区域政府又因缺乏中央政府的嵌入激发"搭便车"行为，促使利益各方不断攫取共享利益而又把治理成本转嫁给其他利益方，结果带来了高额的协调和监督成本；第三，当流域内横向政府合作方式趋于吸纳型和补偿型时，合作形态中的各级政府本应呈现为实力强的一方辐射和带动周边、逐渐平衡各级政府实力的态势，但因为政府间存在信息不对称及过度依赖问题，导致协调成本、分配成本和监督成本都增加了。综合来看，长三角环境污染治理实际上是一个治理成本高、区域合作风险大于a的大范围多层级难题。而过去，由于纵向政府嵌入不够，致使长三角流域各区域政府被动地运用B机制进行跨区域绿色治理府际合作，于是一错再错，年年治，年年不达标。所以，在进入21世纪之后，党中央、国务院将长三角绿色治理问题纳入国家计划，在鼓励流域内各区域政府横向合作之外，不断加强中央政府的嵌入力度，通过政策诱导、资金补助、制定奖励措施等方式提高跨区域府际合作的效率。

其三，当区域内各地之间情况差异度较大时，应当采用国家权力纵向嵌入方式。地方政府间差异化较大，这种情况会导致各方之间协调成本加大，最终导致效能乏力，单靠地方政府间的自主合作是无法维系的。在此情况下，横向协作B机制位移到B'机制，和国家权力纵向嵌入A机制的交汇点也随之位移，变成b。因此，当跨行政区绿色治理合作风险高于b时，B'机制的交易成本值要比国家权力纵向嵌入A机制的交易成本高，强调国家纵向权力A机制并以之推动跨区域绿色治理合作更为恰当。2003年11月，海河流域内的北京、天津、河北、山西、山东、河南、内蒙古、辽宁八省区市共同签订《海河流域水协作宣言》，指出要加强海河流域内不同层次、不同形式的合作，加强水生态环保、水资源的可持续开发利用，促进人与自然的和谐，实现经济社会的全面进步。要推进节水防污型社会的建立，实现人与自然的和谐相处，为全面建设小康社会做出应有的贡献。海河流域东起渤海，西临太行山，南靠黄河，北接内蒙古，横跨京、津、冀、晋、鲁、豫、蒙、辽八省区市，流域面积 32.06 万平方千米，达全国总面积的 3.3%，是我国政治、文化中心。改革开放以来，海河流域发展迅速，经济发展和城市化进程不断加快，逐渐成为经济发达地区，伴随而来的就是可持续发展对自然环境的诉求。但自 1963 年洪水以来，海河流域长期存在水环境恶化等问题，一定时期内还更加严重，成为影响流域内经济社会可持续发展的障碍。为此，流域内八省区市签署宣言，缔结合作协议，开展海河流域跨区域水环境府际合作，以达成"一定要根治海河"的目标。海河流域跨区域水环境府际合作与长三角府际绿色治理合作类似，却又与后者存在着较为明显的区别。它合作区间更广，区域内政府层级更复杂，横向政府差异化程度更高，既包含京津唐这样的经济中心，又覆盖到经济较为落后的黄土高原和太行山区。也就是说，海河流域跨区域水环境府际合作的风险在进行位移之后大于 b，应该选择 A 机制。这在中央政府协同八省区市政府进行了治理责任划分中就可以看出：首先，中央政府要加强监督和指导力度，督促区域内各级政府依法治水、团结、科学治水，即中央政府履行指导责任，从上往下嵌入，发挥宏观调控作用；其次，地方各级政府要因地制宜，建立符合当前形势的协商、协作、协调、监督、合作、共享等机制，健全相关法律法规，为跨区域府际合作提供法律供给。也就是说地方各级政府既要坚持横向合作，又要尝试纵向合作；省区市级政府要建立联席会议制度，促进省区市级政府间的横向合作。

其四，重要生态环境资源所有权状态以及管辖权集中化程度与生态环境治理权力的集中化并存状态也要求使用国家权力纵向嵌入协调方式。目前，与一些西方国家不同，我国国家享有着土地、矿藏、水等重要环境资源的所有权，同时对重大工程项目的投资、审批、环评责任追究等也拥有着管辖权力，因此，地方政府无法处理共有利益的分配问题；同时，绿色治理的政治权力相对较为分散，横向政府关系上存在分割式管理，绿色治理权力也分散于政府各部门，使得交易成本较大，这些都迫切需要国家权力的纵向嵌入。

以我国目前为止唯——个经国务院批复的区域性重金属污染治理——湘江重金属污染治理为例。新中国成立至 2011 年初，湘江流域内共开发重金属冶炼加工企业近 30 家，庞大的重金属开采加工产业链在承担了湖南省全省 70% 的国内生产总值的同时也承担了湖南省全省 60% 以上的污染排放，导致湘江成为我国重金属污染最严重的河流。为此，湖南省一直酝酿着进行湘江流域重金属治理跨区域府际合作，因为此次跨区域府际合作治理的对象是国有重金属开采冶炼业，并且整治范围跨越湘江流域三四十个区县，治理成本庞大，所以在制定治理预算和划分治理责任时，省级政府首先就向上寻求了中央政府的协调。2011 年 2 月，国务院对《重金属污染综合防治"十二五"规划》进行了批复，将湘江流域的重金属污染治理列为"十二五"重金属治理重点项目，并在次月批准了《湘江流域重金属污染治理实施方案》。随后湘江流域各区市县政府，又展开了多次横向、纵向交流，并在省、中央政府的宏观调控下制定了周密的、完整的治理方案。"十二五"结束，湘江流域重金属治理超额完成任务。事实证明，湘江流域重金属治理跨区域府际合作选择以中央政府嵌入为主要调节机制，以地方政府横向合作为主要治理方式是最适应实际情况的决定。

第二节　国家权力纵向嵌入的方式

一、国家权力纵向嵌入方式概览

工具具有客观性、但存在也具有意识形态性，同一种工具在不同的政治与行政语境下会产生不同的效果，反之不同的政治与行政语境也会产生一些独特的治理工具。结合到我国的特殊国情，当前我国跨区域绿色治理中纵向府际关系协同中所涉及的嵌入方式主要包括：

其一，宏观战略规划方式。宏观战略规划方式是指制定组织绿色发展的长期目标以及所对应的实施方案，指导所影响范围内的地方政府行为及它们之间的协同关系。绿色治理宏观战略规划，分为不同的层次，有中央层面主导的跨区域绿色治理协同，如《国民经济和社会发展五年规划纲要》《全国主体功能区规划》，作用范围广、辐射全国、考虑生态环境的长远利益，或者与其他执政目标如经济目标综合考虑，站位高远；也有区域间绿色治理合作，如京津冀、长三角、珠三角、成渝、晋陕豫等，这些区域合作往往发端于地方自主利益协同探索，后经中央政府批准而提高为宏观战略规划。宏观战略规划是中央与地方、地方政府间反复交流磋商、反复调查研究并上升为制度的结果，具有一定时期内的相对稳定性，可以降低区域内的沟通协调风险，凝聚各方认识、明晰各方责任界定，压低利益分配的风险，其监督执行和绩效评估也会减少监督执行风险，为各个相关主体行为的遵循根本。笔者对过往跨区域绿色治理府际合作做了较为细致的调查，查阅并分析了相关文献，证实了宏观战略规划方式对加强跨区域绿色治理府际合作和提高国家权力纵向嵌入强度具有积极影响。以"十一五"期间的中国环境宏观战略研究阶段性任务为例。在中央政府的领导下，中国工程院、生态环境部联合中央各部门对当前绿色治理方式进行了重新审视，认为一直沿用的"谁发现、谁治理，谁管辖、谁治理"的方式已经无法顺应发展脚步，严重制约了我国经济的发展。为此，党中央、国务院出台了一系列政策，制定了一系列计划，因地制宜，推行"中央政府宏观调控，地方政府横向合作"的治理方针，并取得了喜人成果。2007 年 11 月 22 日，国务院印发《国家环境保护"十一五"规划》对"十五"期间的环境工作进行了总结，在肯定了"十五"期间绿色治理成果的基础上，对当前面临的环境形势进行了较为细致的分析，指出："十一五"期间，我国人口在庞大的基数上还将增加 4%，城市化进程将加快，经济总量将增长 40% 以上，经济社会发展与资源环境约束的矛盾越来越突出，国际环境保护压力也将加大，环境保护面临越来越严峻的挑战"[1]。为此《规划》对"十一五"绿色治理的重点领域和主要任务进行了划分（表 5-1），创新地提出了编制全国生态功能区划，科学确定生态功能类型，重点生态功能划区重点治理的跨区域合作方式。在中央政府的不断调控下，地方政府不断进行绿色治理的横向合作，到 2007 年，国务院要求重点治理的污染物排放改善明显，化学需氧量排放强度（每万元 GDP 排放量）比 1997 年下降了 68%；二氧化硫排放强度比 1997 年下降了 58%。尤其是以造纸及纸制品业、非金属矿物制品业、电力热力生产和供应业为首的排放大户，其化学需氧量排放强度大幅下降，以造纸及纸制品业为例，相较于 1997 年，其化学需氧量排放

---

[1] 《国家环境保护"十一五"规划》（2007）.

强度下降了89%。在重点流域主要污染物治理和城市绿色治理两个方面也取得了较大的进步，完美完成任务，其中，地表水国控断面劣Ⅴ类比例下降至26%，Ⅰ-Ⅲ类水质类别比例上升至43%。另外，在全国生态功能区划和跨区域绿色治理方面也取得了很大的进展。2007年，全国共建立各类自然保护区2531处，大力推行植树造林、退耕还林工程，使森林覆盖率增长至国土面积的18.21%；敦促各级政府横向合作，累计治理水土流失面积9987万公顷。进入"十二五""十三五"，党中央、国务院继续强调，我国绿色治理既要遵从"预防为主，防治结合；中央调控，地方合作；政府主导，公众参与"的主要原则，又要紧跟时代发展的特点，对当前绿色治理模式进行创新。为此，中央政府不断下放权力，认为在不违背主要原则的条件下，地方政府可以根据自身需求和实际条件打破行政壁垒，进行较大范围的跨区域绿色治理，必要时甚至可以将地方政府的横向合作上升到中央层面。于是就出现了"京津冀雾霾治理"这样引领发展潮流的绿色治理模式。在"京津冀雾霾治理"府际合作模式中，京津冀协同发展专项工作领导小组既不受限于中央政府，又不分属于某个地方政府。这种打破地方政府区域壁垒，将地方政府的横向合作上升为宏观层面的绿色治理模式为我国新时期绿色治理提供了新的道路，值得借鉴。

表5-1 "十一五"主要环保指标

任务	指标	2005年	2010年	"十一五"增减情况
1	化学需氧量排放总量（万吨）	1 414	1 270	-10%
2	二氧化碳排放总量（万吨）	2 549	2 295	-10%
3	地表水国控断面劣Ⅴ类水质的比例（%）	26.1	<22	-4.1个百分点
4	七大水系国控断面好于Ⅲ类的比例（%）	41	>46	2个百分点
5	重点城市空气质量好于Ⅱ级标准的天数超过292天的比例（%）	69.4	75	5.6个百分点

其二，项目评估审核方式。项目评估审核方式是一种常见的政策工具，在各个领域公共政策过程中较为频繁地使用。当前我国政府享有着重大环境工程项目的投资、审批、环评责任追究等权力，在重大经济工程项目中也遵循"三同时、三配套"原则，要求生态因素考量，权力较大，对各省市地区政府的影响较大，可以说是牵一发而动全身。在重大项目申报评审阶段，各

利益方基于自身情况积极申报，充分利用体制内途径进行利益的理性表达，以加强中央政府与地方的沟通协调；在项目进展阶段，中央政府则是采取监督、考评等方式进行督促，以保障重大项目的落实，也减少机会主义行为，降低跨区域绿色治理的交易成本。实际上，利用评估审核的方法来协调绿色治理中纵向府际关系的研究和实践并不少见，前文提到的"京津冀雾霾治理"府际合作中，京津冀协同发展专项工作领导小组对各级政府所辖项目的评估和审核就是一次较好的尝试。在"京津冀协同发展战略"提出之前，津京冀地区的空气治理就已经面临比较严峻的形势，但因三地污染程度不同、治理目的不一致，以及地区之间长期存在区域壁垒，所以三地对雾霾治理基本上实行各自分管的模式。这种模式的弊端就是，地区利益不共享，容易出现你治理而我不治理或你治理投入大而我治理投入小的情况，最终导致整体效果不佳。"京津冀协同发展战略"提出之后，京津冀三地提出扩大绿色治理的区域合作，开展"京津冀雾霾治理"府际合作。合作中，京津冀三地是利益主体。为了协调京津冀三地横向关系、中央政府与京津冀三地政府之间的纵向关系，在中央政府的主导、三地政府的持续配合下，京津冀雾霾治理专项工作领导小组成立。领导组下设专家咨询组、督察办公室两个评估审核机构，北京治理小组、天津治理小组、河北治理小组三个小组。三个小组分管三地雾霾治理项目，实现横向控制；两个评估审核机构从上往下对各级政府所辖治理项目进行评估和审核，实现纵向控制。在这种组织架构下，京津冀雾霾治理实际上被当成了一个关乎各方利益的项目，京津冀三地是项目的利益主体，治理小组是项目实施者，评估审核机构是纵向调节纽带。实践显示，这种模式很快就打破管理壁垒，使京津冀三地间的横向合作更加密切，使中央政府能够更加有效地向下嵌入，提升了京津冀雾霾治理的效率和效果。

其三，法律法规规章方式。法律法规规章方式旨在解决"重要环境资源集中化而可能引发的地方政府间矛盾"[①]，是一种正式权威约束。法律法规规章方式是一种跨区域绿色治理前提条件，即资源产权、分配、补偿等以及各个地方政府职责的约束。因为如果不提前界定清晰，各地方政府间很容易发生纠纷，发生纠纷时候也没有法律依据解决，可以说完善的法律体系可以为跨区域绿色治理最低程度地降低交易成本。本质上，通过法律法规及规章制度

---

① 张雪. 跨区域环境治理中纵向府际关系协调探析［J］. 地方治理研究，2019（1）：70–77.

对地方政府进行约束其实就是法律供给调节，简而言之就是通过立法行为来调节府际关系中各方主体。法律供给永远是以适应为原则，以再造关系为最终目的的。也就是说，一个制度的诞生，不仅仅只是为了满足"治理"这个需求，还应当顺应当前国情，适应当前体制和内外部环境，满足"治理"之前的"预防"和治理之后的"调控"需求。在绿色治理府际合作中，因为利益主体多，各级政府当前实行的法律法规及规章制度不尽相同，不可避免地带来管理混乱，造成部分区域管理体制严苛，中央政府嵌入强度过高，而另一部分区域管理体制松散，中央政府嵌入强度过低的不利局面。提升法律供给调节水平，提高府际合作中法律法规及规章制度的作用不应该是盲目地对现有法律法规进行修改和完善，也不是贸然实施所谓最好的法律法规及规章制度，而应该是充分了解府际合作中各利益主体存在的问题和合作诉求，制定最合适的法律法规及规章制度，达成中性管理体制。对于这一点，王川兰曾在长三角府际绿色治理合作制度的研究中进行过分析和研究，并将我国行政管理形态分为两种类型：刚性的制度化行政体制和柔性的非制度化的系统性协商体制。前者由中央政府主导，属中央政府的顶层设计，它凌驾于地方政府之上，具有较强的权威性；后者由地方政府间或地方政府与市场进行沟通而成立的松散型协商组织，缺乏法律效应，但却能在多区域广泛性府际合作中发挥一定的作用。而中性管理体制介于刚性和柔性管理体制之间，三者主要特征见下表（表5-2）。

表5-2 刚性、柔性、中性管理体制特征比较

特征	刚性管理体制	柔性管理体制	中性管理体制
制度化程度	中央（上级）政府为主体	非制度化协调机制	多层级相互嵌合
组织结构	跨地区行政结构	不同类型的合作组织	行政结构合作组织共存
法律效应	具备法律效应	缺乏法律效应	法律效应与府际承诺并重
决策方式	谈判与决策	磋商与协调	谈判、决策、协调并重
组织程度	严密	松散	张弛有度

其四，制度介入刺激方式。制度所提供的主体是政府，制度所起到的作用类似于法律法规方式，是一种具有高度权威性的政策工具，可以有效减少地方政府自主合作的盲目性，降低交易成本，增强绿色治理的实效。从制度本身的性质来划分，制度分为命令控制型、经济刺激型以及公众参与型三种

制度；而从政府制度介入方式而言，划分为间接和直接介入两种形式。间接介入方式指政府通过跨区域间水权交易市场、排污权交易市场等平台，来促进各地方政府间的合作，在这里政府并不是直接利益相关人，是作为平台提供者的第三方存在的，是为了激发地方政府的积极性。而直接介入方式则正好相反，政府变为直接利益相关者，比如设立共治基金等方式，来参与跨区域绿色治理，针对的往往是外部性较强的项目。

其五，联席会议方式。联席会议是跨区域绿色治理中常见的一种组织形式，往往用于解决较为复杂的跨区域绿色治理问题，它往往在法律制度不完善或不能发挥作用时候存在，是绿色治理问题的各个利益相关政府为了解决跨区域生态环境问题，通过固定或定期召开会议等形式，各方充分发表意见、交流磋商，以求达成各方共识、推动问题的解决。联席会议的层次有较高级别的，如中央政府主导的跨省级联席会议，也有较低层次的联席会议，各地方政府间、不同层级地方政府间、横纵向地方政府间联席会议。"十二五"期间"松花江特大污染事件"的后期治理就是一次典型的、成功的联席会议式纵向嵌入。2005 年 11 月 13 日，吉林石化公司双苯厂一车间发生爆炸，约100 吨苯类物质流入松花江，在江面上形成一条长达 80 公里的苯污染带，对松花江吉林市至松花江口流域、黑龙江下游流域环境造成严重污染，影响到数百万民众的生计。污染事件发生后，党中央国务院立即做出批示，要求受污染流域立即作出应急预案，在防治污染次生灾害发生的同时尽快拿出治理方案，确保沿岸群众能安全用水。实际上，在污染事件发生以前，松花江流域水污染就是一个难以解决的历史难题。改革开放时期，中央政府为改善央地关系、促进各区域发展，不断尝试放权，逐渐扩大地方政府的权限。地方政府借此机会横向发展，为完成支付责任，获取体面的财政成绩，它们选择忽视或回避协同合作，逐渐形成管理壁垒。随着管理壁垒的不断加固，地方保护主义越演越烈。加上松花江流经吉林、黑龙江两省，涵盖吉林、黑龙江、辽宁、内蒙古四省，流域面积过大，水绿色治理本就是个跨区域性难题。久而久之，就出现各区域政府将水绿色治理当成"皮球"踢来踢去，或是陷入"你治理、我污染"的怪圈。其最终结果就是区域性环境污染严重阻碍松花江流域的可持续发展，各区域政府间持续交恶，中央政府的嵌入诉求无从着手。此类顽固的区域性难题并不少见，前有长三角水污染"刚治理，又污染"，后有钱塘江流域蓝藻污染"年年治，年年至"。为此，2006 年 1 月，党中央、国务院借污染事件"东风"将松花江吉林省、黑龙江省流域划入重点治理区域，把松花江流域水绿色治理纳入国家计划中，统一部署，统一治理。通过提高项目准入门槛、淘汰落后企业、重点治理工业污染、加强饮用水源保护力度、加快基层污水处理系统建设、实行共同开发、共同利用等，推动重点区域内各级政府的横向、纵向合作，取得了较大的成功。在这次跨区域水污染治理府际合作中，重点治理区域内各层级政府多次进行交流，通过中央政府参与、地方政府联席会议的方式进行多层次、多维度的合作与协调，在治理目标、利益、权力划分上达成一致。

其六，政治动员方式。"政治动员方式是一种中国特色的治理实践方式，是在执政党的意志领导之下，在'实用理性'思维主导下、在治理资源匮乏或乏力情况下，具体通过意识形态宣传、矩阵制组织安排、干部任命考核、专项整治等多种形式，为提高战略政策的执行力所做出的抉择。"① 政治动员方式源远流长，其形成继承了中国传统社会管理模式、中国共产党新民主主义革命时期执政文化以及社会主义建设初期所积累的政治文化，强调权威、强调忠诚度、强调命令的自上而下执行，希冀充分调动起地方政府、企业以及社会公众的积极性。当然，针对政治动员方式，并没有法律条文上的考核而更多依赖党的纪律。在中国政治语境下，政治动员方式有时候能够起到比法律法规、制度更强的作用。例如，中央十分重视京津冀地区协同发展，习近平总书记多次视察做出重要指示，极大促进了跨区域绿色治理的进程。

其七，干部任命制度。干部任命制防止了过度的地方主义或地方独立的出现，并因此避免了中央——地方关系的破裂。通过研究建国至今的数次较为典型的权力收放，不难看出我国虽然实行的是中央集权和地方分权的管理体制，但中央政府对地方政府的控制强度并不大，尤其是对远离国家层面的基层政府，基本上处于半闭塞状态。央地关系陷入到"地方无能又全能""中央集权又无权"的怪圈之中。对于地方政府来讲，我国各层级政府职能同构，不论是国家层面的中央政府还是基层县乡级政府，都在做同样的事，行使同样的职责，只不过是横向层级不同罢了，于是就说"地方全能"；而当真正要行使权力的时候，又因中央集权的左右而显得权限不够，于是又说"地方无能"。对于中央政府来讲，因国家体制所在，中央政府拥有高度集中的权力，

---

① 张雪. 跨区域环境治理中纵向府际关系协调探析［J］. 地方治理研究，2019（1）：70–77.

但因为纵向嵌入不够，中央政府对地方政府的控制羸弱，于是就出现了"中央集权又无权"的说法。这种现象是非常可怕的，容易滋生重大危险事件。如20世纪90年代末接连出现的特大走私案，动辄牵扯数十致数百名党政官员，究其原因，就是因为中央政府与地方政府信息严重缺位、纵向嵌入严重缺失。为此，中央政府一直沿用人民选举和干部任命相结合的官员选拔制度，通过选举从基层往上层选拔官员，又通过干部任命的方式从中央往下调派官员。干部任命较好地适应了当前国情，有利于国家权力的纵向嵌入，又不至于因过快打破地方保护主义而造成央地关系破裂。

其八，非正式制度方式。这是人们在长期的社会交往过程中逐渐形成、得到社会认可的约定俗成、共同恪守的行为准则，如意识形态、道德伦理、风俗习惯、文化传统、价值信仰等。其中，意识形态是非正式制度的核心，它是一种哲学概念，是观点、概念、观念、思想、价值观等人类对事物的感官思想的总和。所以，在某些时候意识形态可能会以高于正式制度的形式存在。比如"三个代表""八荣八耻""社会主义核心价值观"等一系列具有中国特色的社会主义思想。因此，在政令法规作用弱、市场导向无效时，正确利用非正式制度，将给国家权力的嵌入带来积极影响。以长三角府际环境极力合作为例，各区域政府除了在中央政府的指导下不断尝试政令法规、合作模式、治理方法的创新之外，还不遗余力地挖掘非正式制度的潜力。比如，为了促进长三角绿色治理的步伐，跨区域合作各方经过联席会议讨论，提出以挖掘吴越文化的方式来增强沪苏浙三地的认同感。因沪苏浙三地本就是吴越文化的发源地，自古以来三地文人雅士就对吴越文化倍加推崇。所以，这个措施一经提出，很快就得到跨区域绿色治理各方的响应，一股"治环境，重吴越"之风悄然吹起。此后，跨区域绿色治理各方又在中央政府的指引下，开创性提出"共赢长三角""一小时经济圈"等长江三角合作文化。

二、国家权力纵向嵌入方式的优化选择思路

除了以上八种嵌入方式外，事实上，国家权力嵌入方式还有诸多具体的工具，在此不一一列举。为更深入对其进行了解，现对其进行不同的分类解读。

从性质上来讲，诸多具体的嵌入方式可以总结归纳为命令控制型工具、

经济激励型工具、公众参与型工具。命令控制型工具，是政府依据法律法规及相关规章和标准，对生产行为进行的强制性环保监督，包含宏观战略规划方式、项目评估审核方式、法律法规规章方式、制度介入刺激方式、政治动员方式、干部任命方式等。强制型工具具有时效性快、执行成本低、强制性等优点，具备其他工具没有的权威性，这也保障了其实施效果的可预见性、可确定性。此外，这种工具也通常适用于处理突发性环境事件，特别是公害事件。命令控制型工具的缺点主要体现在过于强调标准的统一性而忽视不同地区、不同企业等之间的差别问题；可能出现寻租等原因导致的政府腐败和官僚主义致使政府失灵现象；政府无法全面掌握各类污染源的充分信息导致信息不对称现象等。经济激励型工具，是指政府通过收费或补贴、罚款或奖励的方式对企业进行激励，使政府作出环保治理选择的手段。经济激励型工具包括排污收费制度、排污权交易制度、环境污染责任保险制度等。相较于其他工具，经济激励型工具具有低成本、高刺激、灵活性、增财源的优点，当然也存在着产权界定较难、不适用于非市场经济国家、作用时间具有时滞性等缺点。公众型工具，也称公众参与型工具，是指通过舆论导向、道德压力、内外部劝说而促使环境保护法律法规、污染排放标准等得到更加严格的执行。公众型工具可分为以下两类：第一类，公众借助媒体、投诉热线等工具表达自身环保诉求的方式；第二类，公众通过参与由政府及部门主导的听证会、论证会、座谈会、问卷调查等活动表达环保诉求的方式，比如当前各层级政府纷纷上马的电视问政、网络问政等。公众型工具具有范围广、适应性强的优点，除此之外，它还与资源型工具一样，有助于政府降低环保投入。但因为公众缺乏执行力，且公众诉求付诸实现的时效性较长，所以公众型工具也具有不少弊端，首先就是不具备法律威信，约束力不够或无法产生约束力。①

从作用向度上来看，可以分为结构型工具组合和信息共享型工具组合。结构型工具组合，是一种偏向于中央政府，以单一利益方为操作主体，自上而下进行纵向政府权力渗透的工具组合。其特征主要有：第一，拥有公共问责制。在中央政府的主导下，公众通过行使知情权、投票权、言论自由等权力对跨区域绿色治理府际合作中的各层级政府进行监督和问责，促使各层级

---

① 杨洪刚.中国环境政策工具的实施效果与优化选择［M］.上海：复旦大学出版社，2011：216–220.

政府履行公共服务职责，提高跨区域绿色治理的效率。第二，拥有财政收付标准。对地方政府的财政收支进行严格稽查，获取地方政府的财政特点，以此为据设立地方财政收付标准，作为中央政府进行财政支付转移的依据。第三，持续权力下放。定制相关法律法规，配合中央政府的纵向嵌入，持续稳定地将相关权力下放至地方政府，较大限度地解放地方政府的财权、事权和人事权。第四，拥有第三方协调、协商机制。设立第三方争议协调、利益协商机构。当跨区域合作中横向政府间或纵向政府间出现矛盾，通过第三方机构进行协调、协商。信息共享型工具组合，是一种把信息交流当作主要工具，促使各级政府通过信息共享达成统一的利益目标和执行准则。它主张的是权力从下往上渗透，并呈现分权态势，所以这种工具组合适用于横向府际合作。其主要特点包括：第一，设立信息共享平台。设立服务于跨区域合作中所有利益方的信息共享平台，除完成政务信息公开之外，还具有信息实时交互的作用，即不论横向政府间的差异化有多大，都能通过共享信息平台进行信息互通，达成横向平衡。第二，持续提高联席会议制度的作用。利用联席会议制度整合横向政府间的资源，对跨区域治理问题进行深层次多维度讨论，有利于提高横向府际合作的效率。此外，还可以向下、向外发散联席会议制度，让各阶层政府、民间团体也参与进来，形成有深度有宽度的府际协商论坛。第三，拥有专项管理机构。在合作项目层面，建立评估监督机构，对治理项目进行完善的评估和监督；在技术支持层面，聘用专家学者组建技术咨询组，对府际合作各方进行专业的技术指导；在政策法规层面，设立政策法规监督机构，对相关法律法规进行完善和修改，储备法律供给，令绿色治理事半功倍。第四，实行公共服务外包。尝试将治理任务分包给第三方部门或民间机构、企业，以规避府际合作中易出现的"搭便车""踢皮球"现象，降低治理成本。因为第三方部门或民间机构、企业不在当前府际合作系统内，行事时就不需要过多地权衡各区域政府间的利益，有助于提高绿色治理的效率和质量。

从作用结果来看，曹东等学者将政策工具作用效果衡量标准总结为环境有效性、经济有效性、公平性、管理成本、可接受性。任何政策工具都有优越性和局限性（表5-3）。因此，不能将希望寄托于某一种政策工具上，也不能寄托于一种政策工具的不断完善中，只有充分发挥各种政策工具的优缺点，实现政策工具整合，方能实现目标。①

表 5-3　主要工业污染控制手段的评价结果 ②

序号	控制手段	环境有效性	经济有效性	公平性	管理成本	可接受性	总体评价
1	环境影响评价	8.17	8.05	7.17	7.43	8.33	39.2
2	"三同时"制度	8.17	7.17	6.27	7.85	7.00	36.5
3	污染物排放标准	7.93	6.85	7.5	6.77	7.42	36.5
4	限期治理制度	8.00	6.75	6.75	7.18	6.08	34.8
5	严重污染企业的关停并转	9.43	7.67	6.97	7.93	6.83	38.9
6	污染申报和许可证制度	7.33	7.25	7.94	6.58	6.58	35.7
7	污染集中控制	7.75	8.25	6.75	5.63	5.00	33.4
8	企业环境目标责任制	4.75	5.10	4.17	4.85	4.97	23.8
9	污染物排放总量控制	8.42	7.25	7.83	7.00	7.25	37.8
10	ISO14000 审核	5.58	5.6	4.00	4.00	3.42	22.6
11	清洁生产审计	7.83	8.00	7.00	6.83	6.43	36.1
12	公众和舆论监督	5.33	6.5	5.83	7.02	5.53	30.2
13	排污收费制度	8.12	8.35	8.00	7.28	8.17	39.9
14	"三同时"保证金	4.83	3.85	3.83	5.08	2.75	20.3
15	污染削减补贴	5.17	4.68	3.91	4.25	4.75	22.8
16	污染排放交易	6.25	6.67	6.5	5.92	4.92	30.3

注：对应每种政策手段的每个评价标准按差（1-5.0分）、一般（5.1-7.0分）、好（7.1-8.5分）、很好（8.6-10分）四个等级打分。每项评价标准评价满分10分，总体评分满分50分。

在选择环境政策工具时，其前提就是创造能让环境政策工具有效发挥作用所需要的尽可能好的条件。这些条件的组合，也就是目标变量、工具变量和环境变量的组合。目标变量即绿色治理的目标，目标定位以及目标的排序都会影响生态环境政策工具的抉择，可以说是政策工具选择的导向标，也是政策工具有效性与否的判断标准。工具变量是指政策工具本身的特性，这一点前已述及。政策工具本身的特性决定了选用方法，是影响政策结果的重要因素。环境变量是政策工具选用时的客观外部条件，政府本身无法控制，主

① 曹东.中国工业污染经济学［M］.北京：中国环境科学出版社，1999：224.
② 资料来源：曹东.中国工业污染经济学［M］.北京：中国环境科学出版社，1999：224.

要包括制度、体制、目标群体、意识形态以及技术条件等。在管理实践中，由于约束条件不可能达到最优，因此，政策工具的选择应当遵循满意标准而并非最优原则。[①]政府须认清或者确定好各个约束条件，在此基础上匹配相应的环境政策工具。

具体到跨区域绿色治理中国家权力纵向嵌入工具的选择，在进行政策工具组合时候，还应当考虑以下原则：一方面，遵循绿色发展理念，兼顾经济发展和环境保护双重目标。在当前我国发展中国家国情、社会矛盾发生转变的背景下，发展仍然是硬道理，是解决一切问题的关键，因此，经济发展尤为重要，生态环境保护应当兼顾这一目标，力求使发展方式绿色化，资源节约型、环境友好型，不能顾此失彼或走向极端的环境保护优先主义。另一方面，追求政策工具互补性。在具体选用政策工具或搭配政策工具时，要考虑政策工具本身的优缺点、政策工具使用现状等因素，强调公平和效率并举，考虑政策工具的演化，根据外部环境的变化在适当时机使用适当政策工具，不宜过早或过迟，过早容易出现徒劳无益的情况，而过迟则会丧失机遇或造成被动，最终力求发挥出 1+1 > 2 的效果。

第三节　本章小结

针对跨区域绿色治理府际合作中国家权力嵌入行为存在的问题，本章力图提出相应的解决方案。在确定国家权力纵向嵌入的时机与程度时，应遵循交易成本最小化原则：当跨区域绿色治理合作风险处于较低水平的时候，应当充分发挥横向政府间协调机制；当跨区域绿色治理合作风险处于较高水平的时候，应该根据跨区域绿色治理合作类型有区分地决定国家权力纵向嵌入的程度和方式；当区域之间存在较大差异度时，应当尽量采用纵向府际关系协调方式；生态环境资源的所有权情况以及生态环境问题治理权力集中度状况也促使纵向府际关系的嵌入。在我国的政治模式下，跨区域绿色治理府际合作中国家权力嵌入方式主要有宏观战略规划方式、项目评估审核方式、法律法规规章方式、制度介入刺激方式、联席会议方式、政治动员方式、干部

---

① 王全宏、李燕凌 . 公共政策行为［M］. 北京：中国国际广播出版社，2002：227.

任命制度方式、非正式制度方式等。从性质上来讲，诸多具体的嵌入方式可以总结归纳为命令控制型工具、经济激励型工具、公众参与型工具；从作用向度上来看，可以分为结构型工具组合和信息共享型工具组合；从作用结果来看，曹东等学者将政策工具作用效果衡量标准总结为环境有效性、经济有效性、公平性、管理成本、可接受性。在进行政策工具组合时，应当考虑以下原则：一方面，遵循绿色发展理念，兼顾经济发展和环境保护双重目标；另一方面，兼顾效率与公平、充分考虑时机，追求政策工具互补性，力求实现 1+1 > 2 的效果。

第六章　嵌入保障：完善治理系统工程

第一节 健全跨区域绿色治理法律保障体系

一、完善跨区域生态环境立法，增强法律可操作性

前文已经述及，随着社会经济发展的进步和人民生态意识的提高，环保任务日趋严峻，中央及地方政府主导的法律法规相继出台并实施，为绿色治理提供了大量的法律依据。从法律效力等级来看，与环境保护有关的法律法规主要可以分为环境保护基本法、环境保护单行法、环境保护的行政法规、环境保护的部门规章及标准、地方性法规规章、其他环境规范性文件等。这些法律法规中多次提到区域绿色治理概念，一些法律法规中也对府际合作共治做出了相关的规定。比如，《环境保护法》第二十条明确指出"国家建立跨行政区域的重点区域、流域环境污染和生态破坏联合防治协调机制，实行统一规划、统一标准、统一监测、统一的防治措施"。但这种规定，只是一种原则性、基础性的法律规范，具体的规划、标准、监测和防治措施等都存在大量自由裁量的空间，容易出现相互推诿、争权夺利等现象。很多地方合作治理实践作为跨区域绿色治理的发展趋势并未得到长足的发展，究其原因，主要还是因为这种合作协议的效力和权威性缺乏充分的法律保障。因此，从法律层面上，把府际合作的形式和关系以制度化的方式确定下来，不仅能为协作治理提供合法性基础，也能对府际合作的双方或多方形成约束，并在协作治理的过程中形成规范化操作。在我国已有的法律体系中，从《宪法》到普通法律规范，虽能找到对于政府合作的相关规定，但是这种规定没有具体化的表现，也难以对府际合作的相互关系形成约束。因此，我们急需从立法层面，明确府际协作的相关规范，用制度来保障跨区域绿色治理中的合作关系，避免这种合作流于形式。

树立正确的环境立法理念。党的十八大以来，中国共产党逐步确立"创新、协调、绿色、开放、共享"五大发展理念，生态文明写入宪法，成为国家根本大法中的重要组成部分，具有极为重大的意义。这种绿色理念要贯穿到生态环境法律体系建设的方方面面和始终。在我国新修改的《中华人民共

和国环境保护法》中规定，"为保护和改善环境，防止污染和其他公害，保护公众健康，推进生态文明建设，促进经济社会可持续发展，特制订本法"①。在这一规定中，立法倾向发生改变，绿色发展、可持续发展理念、资源节约型与环境友好型社会等理念或战略已经体现。要进一步将新发展理念贯穿于法律体系当中，强调生态环境保护与经济发展的相互协调、重视对当代人和后代人利益的关注。②

健全跨区域生态环境立法体系。基于西方生态环境保护以及我国生态环境保护的经验，我国有必要制定一部高位阶的环境保护基本法来统摄整个法律体系。前文中指出，现行的《中华人民共和国环境保护法》由全国人民代表大会常务委员会制定，不具有基本法地位，有些内容也未能跟上时代的发展，甚至与有些新制定的单行法相冲突，建议将其进行修订，提交全国人大审议通过，提升为真正的基本法。在专门性环境保护法方面，要注意查漏补缺、及时修改。目前我国的生态环境法律侧重于污染治理，而对于自然资源、生态环境利用和保护以及环境侵权的民事责任等方面较为缺乏，例如，应及时制定或完善"土壤污染防治法""水污染防治法""放射性和电磁辐射污染防治法"等，对生态补偿、环境公益诉讼、环境影响评价、公众参与、环境信息公开等重要法律法规要及时研究试行。参照英国《地方政府法》、日本《地方自治法》等法律，中国政府可以研究制定《地方政府合作法》的可行性，以解决目前包括绿色治理在内的地方政府合作缺乏制度化的问题。目前我国绿色治理跨区域合作的法律法规处于完全空白状态，仅在单行法中有所涉及。实体法和程序法要同时关注，提高法律操作性。对于跨区域环境问题的界定、责任义务、合作的具体方式、协议结果的实施、监督和约束等都要有明确制定出来。要注意各个单行法律体系之间的协调和配合，消除各项制度之间的掣肘，发挥出法律体系的整体合力。

二、提高环境违法成本，严肃跨区域环境执法

近年来，重大环境污染事件引发社会公众的广泛关注，环境污染屡禁不

---

① 《中华人民共和国环境保护法》（2018）.
② 戴胜利.生态文明共建共享研究［M］.北京：科学出版社，2015：204.

止，究其原因，环境保护中违法成本低、守法成本高、执法成本高是主要因素。这就容易导致从企业到环保部门对环境保护问题始终保持消极态度。即使环保部门认真履行职责，对相关违法企业严格监察，提出整改措施，进行行政处罚等，从企业角度来说，接受处罚的成本远低于一套环保设施安装成本，因此，许多企业在环境保护问题上往往选择铤而走险的处理方式，一是因为经济利益的驱使，二是因为环境保护意识的不足。为此，笔者认为主要可以从以下方面提出改进措施，保障国家权力在绿色治理过程中的纵向嵌入。首先，由政府牵头，定期组织企业和公众参与环保知识培训，并对区域内的企业进行不定期环保检查，强化企业和公众的环保意识。其次，设立生态税收制度，按照"排污费标准高于治理成本"的原则提高收费标准、提高违法行为的处罚力度等增加环境违法成本。再次，严格落实环境执法，推动环境执法法治化。由于环保执法部门不具备强制执行权，在环境执法过程中虽能力增强、力度加大，但在具体执法过程中由于欠缺法律权威，难以进行有效的监督管理。针对跨区域绿色治理问题，可以建设区域联合执法机制加强府际合作，在保证国家权力纵向嵌入的同时，节约执法成本，提升执法效果。[①]最后，充分发挥司法功能，推进环保公益诉讼。环保公益诉讼一直是治理环境污染的重要手段，但由于法律法规并不完善，在实践层面存在许多亟待解决的问题。司法作为环境保护的最后一道防线，对区域绿色治理具有高度保障作用。因此，建立专门的环保法庭，细化环保法律责任，增强环保公益诉讼的可操作性，是保障国家权力在跨区域绿色治理过程中纵向嵌入的有效途径。

第二节　建立多层次跨区域绿色治理组织结构

根据公共组织学科理念，协调机制通常分为三种：等级协调型、自愿型以及促进型。其中，等级协调型是建立在科层制基础上，组织体系内各种各样的活动都置于一个统一的权力中心统摄之下，通过自上而下下达指令的方式实现各部分的协调统一，通过上级的权威、命令和奖惩机制对相关行政区

---

① 张紧跟、唐玉亮.流域治理中的政府间环境协作机制研究［J］.公共管理学报，2007（3）：50–58.

域内有关地方政府进行控制式协调。自愿型是指组织中的个人或群体自发通过一定的方式与其他个人或群体进行接洽、合作，实现协调。促进型则是指通过专门机构，如委员会等促进、辅助组织一体化。三种协调机制各有优缺点，因此，在实践操作中往往根据一定的情境三者共同使用（图6-1）。关于自愿型协调机制的具体举措，如环境信息共享机制、区域生态补偿、环境基础设施共建共享机制等分散于本章其他小节的内容之中，兹不一一阐述。

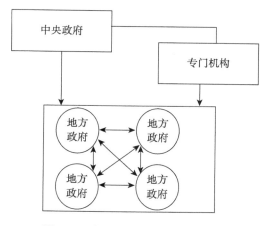

图 6-1　多层次合作治理组织结构

一、进一步提升中央政府、国家环保主管部门的地位和权威

如前文所述，在涉及跨区域绿色治理问题上，部分区域都选择府际横向合作的方式。但是这种横向合作的前提是建立在各政府之间平等协商的基础之上的，由于跨区域环境污染所具有的特殊性，需要不同层级、不同隶属关系和不同经济发展水平之间的地域行政部门精诚合作，这就打破了平等协商的基础，使得区域合作治理的难度增大。因此，进一步提升中央政府和国家环保主管部门的地位和权威有利于发挥科层协调机制的宏观统筹功能，能够增强政府权威、超脱于地方利益博弈之外，为跨区域、多层次合作治理结构提供良好的前提保障，提升国家权力的环境宏观调控能力。需要指出的是，提升国家权力，并非返回到非制度化的央地间讨价还价式关系，而是要着力强化中央政府的全局性、制度化权威，"规范地方政府行为，建立一种规范的

地方政府间利益关系的利益分享和利益调节机制"①。

明确并完善主管区域绿色治理事务的国家机关。我国现有的环境管理模式具有明显的分割性质。在以前，工业污染归环保部门管，农业污染归农业部门管，污水处理归建设部门管，国务院水行政主管部门则主管全国的水土保持工作。部门职责的交叉重叠和针对性职责分配不仅无法有效解决复杂的环境问题，还极容易出现各职能部门相互推诿的现象。设立主管区域发展事务的国家机关作为统筹区域各项发展事务，不仅有利于解决上述问题，也符合我国当前的科层协调机制。但如何设置，笔者认为至少存在以下三种讨论。第一，由国务院主管区域发展事务。国务院作为行政机构的最高层级，由国务院主管区域发展事务的优势在于国务院拥有绝对权威，有利于各项行政决定的制定和传达。但由于国务院属于中央机构，组织协调国家各项事务，区域内绿色治理只是其众多主管事务的一方面，难以获得持续性重点关注，而环境问题又需要长时间、周期性治理，两者之间存在一定的冲突。第二，由国家发改委统揽区域发展事宜。发改委是综合研究拟定国家发展的重大政策，规划经济体制改革的部门，起到宏观调控作用。从行政职责上来说，由发改委主管区域发展事务与其本身的行政职能契合度也非常高，但是考量细节，虽说发改委是以制定国家环境保护的技术、经济政策为主要手段综合协调环境保护工作的部门，但其主要职责还是以经济建设为主，环境保护只是经济建设的一个方面，如果由发改委主管环境保护工作，当环境问题与经济建设问题之间出现冲突时，很容易出现经济建设优先的情况。第三，由生态环境部主管区域发展事务。生态环境部作为国务院组成部门，2018年由环境保护部变更而来。可以说，生态环境部在原环境保护部的职责基础上，整合了国家发改委、（原）农业部、国家海洋局、国务院南水北调工程建设委员会的部分职责，管理了和生态环境相关的各项工作，监督管理统筹区域内各项事务，可谓是天时地利人和的选择，但其行政执行能力需要更多的赋权和强化。

通过对比可以发现，在增强生态环境部的行政执行功能和行政执法能力的基础上，由生态环境部主管区域发展事务，统筹协调跨区域绿色治理中府际合作的各项问题——环境政策制定和规划、地方环保机构工作执行情况的监督、国家级部委项目环境审批等，是保证国家权力纵向嵌入的有力举措。

---

① 谢庆奎.中国地方政府体制概论［M］.北京：中央广播电视出版社，1998：355-356.

需要注意的是，我国经济发展已经开始从重数量到重质量转型升级阶段，绿色治理和保护问题作为高质量发展的重要依据和目标，日益受到广泛关注。然而，在我国现有政治组织体制下，环境部门所处的尴尬地位，也严重影响了相关工作的有序进行。因此，应该增大建立生态环境垂直管理领导体制，使生态绿色治理和保护等问题由相对独立的机构来组织管理，减少地方环保行政部门受地方政府多重目标等对绿色治理关注度的消减，确保可持续发展。

二、完善跨区域绿色治理行政协调的组织体制

由于不同行政区域在经济发展、基础建设、产业布局等方面都可能存在不同程度的分歧和冲突，而生态区域治理统一协调机构又是科层协调发挥其作用的前提，理顺绿色治理的组织结构和管理体制，实现资源整合，是在跨区域绿色治理中，国家权力进行纵向有效嵌入的保证。针对跨区域绿色困境，学术界提出了很多治理的思路，比较有共识性的有推进行政区划合并，使得原来的跨区域绿色治理问题"内部化"，也有的建议是建立跨区域的统一管理机构，针对性治理，等等。从现实角度来看，行政区域调整的方式成本较高，牵一发而动全身，是一种慎用的方式，因此，跨区域绿色治理专门机构成为较为理性的选择。

我国作为单一制国家，结合高度中央集权性的特征可以在中央层面、在省、市、县、乡镇设置不同层级的区域性环境合作管理协调结构，负责协调府际合作绿色治理过程中不同行政主体之间的冲突。前文中也梳理了目前我国这一方面的实践，无论实践如何发展，这种组织或合作机制至少应该具有两种能力："一是对区域公共价值的代表能力，而非某一行政区的利益，二是与各个地方政府进行博弈的能力"[1]，能将代表区域利益的法规、制度、协议甚至约定、承诺推行下去，确保责权统一。只有高层次、全方位、大跨度的运作，才可能打破地方利益的"独立王国"，从更深层次解决跨区域绿色治理问题。中央、省一级的跨区域绿色行政协调宜通过法律确定、重大问题协商的方式来确定，以保持权威性和持续性。而省级以下的行政协调组织则可以采取组织功能重组式，即不改变现有组织体制，通过组织的功能合作实现新的

---

① 李荣娟．区域公共治理中的行政协调：现实问题与机制创新［J］．科学社会主义，2013（6）：78—81．

治理，实现各行政区政府在绿色治理中遵循共同的规则、条款等，具体形式
主要是跨区域绿色治理委员会（表6-1）。委员会通常是由区域内的地方政府
选派代表组成，负责立法、执法、监测、调控职能，协调解决地方政府间环
境利益冲突，提供相应的信息服务等。委员会的预算通常由各地方政府分摊
负责或采取部分收费服务获取一部分收入。①

表 6-1　跨区域绿色治理行政协调的层次和特点

层次	方式	优点
中央牵头式	通过中央机构统一绿色治理协调和运作、法律保障	权威性强 地方回应性高
跨省市协商式	通过高层地方政府间的协调解决重大生态环境利益问题	指导性强 协调性高
部门协调式	通过生态环境职能部门委员会解决管理制度上相对技术性的问题	操作性强

第三节　推进跨区域绿色治理能力匹配与平衡化

一、明确央地事权划分，确保事权与财权相匹配

地方政府作为中央政府绿色治理职能的具体执行者，其与中央政府之间
事实上构成"委托—代理"关系，衡量中央政府与地方政府间的绿色治理责
任至关重要，事权的划定事实上也是央地间财权划定的基础。

其一，明确央地间绿色治理事权。1994年分税制改革以来，地方财政的
主要来源分为两个部分，一是直接来源于中央财政的划拨，二是来自地方财
税的收入。在财政分权的制度下，极大地调动了地方政府的积极性和主动性，
但也存在一定的负面影响。例如在当前的科层行政考核制度下，地方政府首
先扮演着一个"政治人"的角色，地方官员的晋升主要依据行政考核的结果，
其中最重要的指标之一即经济发展状况。在这样一场行政晋升的追逐中，优
先发展经济，取得经济效益最大化是大多数地区行政主管的选择。在有环境
优势的地区牺牲环境，发展经济；在没有环境优势的地方，忽略环境，发展

---

① 李荣娟.当代中国跨省区域联合与公共治理研究［M］.北京：中国社会科学出版社，2014：191-199.

经济成为大多数地区的首选。当面临跨区域绿色治理问题时，我国现在主要是由中央统一管理，地方具体执行，而各地区在执行过程中，又多以消极姿态应对，这就导致环境问题无法及时有效得到处理。究其原因，其主要矛盾主要体现在既要维护中央权威，又要切合地方实际的冲突上面。地区内环境问题主要是地方政府职权范围，跨区域环境问题又需要中央统一协调，而我国目前对于中央与地方的事权分配规定又过于笼统。因此，在绿色治理问题上，首先要重点保障地方对区域内环境保护的事权，并在此基础上合理划分中央与地方在环境问题上的管理范围，明确中央政府和地方政府的职能和权利行使界限。中央政府和地方政府关于绿色治理的职责权限划分依据应该是考虑生态环境问题的外部性上，即外部影响范围上。假设影响范围较小，局限在某一行政区内，责任较为明晰，不存在交叉模糊的问题，那便由该地政府来负责处理。地方政府负责的范围有区域内环境规划、环境污染治理、环境基础设施建设、生态区域治理能力建设、环保宣教科研等具有地方公共物品性质的生态环境保护事务。假设其影响范围较大，跨越了某一行政区、属于跨区域行政，甚至是全国范围，那便由中央政府来统一解决处理。中央政府处理的绿色事务又分为宏观事务和微观事务。其宏观事务是指全国性的环境方面的战略规划、法律法规等，起到普适性的作用，并不针对某一具体的环境问题，如"涉及环境公益的全国的和跨省级界限的规划、计划的审查，编制中长期环境规划、重大区域和流域环境保护规划，省与省之间环境保护规划和计划的协调，促进省与省之间的合作，还包括环境保护法律、法规、规章和各种标准、名录的起草或制定等"①。其微观事务则包含一些有重要价值的或难于处理的跨省级生态区域环保规划、执行、协调、监督管理以及纠纷的解决，还有具有广泛社会公共效益、外部影响大、影响深远的环境基础设施等，例如，三峡水电站的修建，虽然是在湖北宜昌市，但它的修建对于调控长江流域水流量、对于全国电力资源具有极为重要的意义，由国家统一来负责。当然，以上仅是原则性规定，现实当中应当根据区位、环境效益外溢性特征等进行综合考虑予以界定。

其二，保证地方财权与事权相匹配。事权与财权的分配问题，实际上是

---

① 余敏江、黄建洪. 生态区域治理中中央与地方府际间协调研究［M］. 广州：广东人民出版社，2011：109–110.

围绕财政制度进行配置的，我国现处于经济转轨时期，环境保护方面，地方事权与财权的不相匹配情形尤为突出。首先，在事权方面，我国目前的环境管理体制主要呈现出一种自上而下的形式，即由中央政府制定政策方向和框架，由地方政府负责具体执行。但是在财权方面，"2015 年，中央本级和地方占全国环境保护支出的比重分别为 1.1%、98.9%。同时，地方环境保护支出中有约 21.6% 的支出来自中央转移支付，若扣除该部分支出，则地方本级环境保护支出占全国环境保护支出的比重为 77.6%，远高于中央，充分体现出地方政府在环境保护领域的重要作用"。根据上述数据可以明显看出，在与环境保护有关的财政支出上，地方政府远高于中央政府。事权与财权的不对等，使得地方政府对于中央政府的部分环境政策缺乏认同性、绿色治理的动力不足。另一方面，地方政府作为"经济人"的角色所具有的自发性和趋利性导致地方政府在资源配置和政策部署上容易以追求经济优先和成本最优为导向。这就使得在区域绿色治理，特别是跨区域绿色治理方面，被动应对和"搭便车"等现象频频出现。在绿色治理方面，在事权上收到约束和限制，在财政上，却要承担更多的责任与支出，权利义务上的明显不对等，也使得绿色治理问题难以得到有效推进。因此，在制度上，明确中央和地方的事权边界，保证地方财权与事权相匹配，对于在府际合作过程中保证国家权力的纵向嵌入具有十分重要的意义和作用。为实现事权与财权匹配，要以财权与事权相匹配为方向和原则深化财税体制改革，采取一般性补助即税收返还、专项拨款补助、特殊因素补助等方法来"完善中央和地方共享税分成办法，加大财政转移支付力度，促进转移支付规范化、法制化""保障各级政权建设需要。完善财政奖励补助政策和省以下财政管理体制，着力解决县乡财政困难，增强基层政府提供公共服务的能力"。①

二、培养专业环境人才，配备充足环境物资

当前，在解决跨区域绿色治理问题时，府际合作通常是通过会议或者论坛、会晤等形式成立一个专题工作小组，有针对性地解决某一环境问题。虽说具有一定的效果，但是这种专题工作小组缺乏稳定性和持久性，容易导致

---

① 中共中央关于构建社会主义和谐社会若干重大问题的决定（2006）.

环境问题无法得到根治。成立专题工作小组以解决跨区域环境问题，一是因为跨区域性需要相关地域的行政成员参与，以协调各地区之间的工作。二是因为在现有人事制度下，环保系统急缺专业性环境人才，无法形成专门的跨区域绿色治理机构来具体执行跨区域绿色治理中的各项工作。我国现在所适用的人事编制管理制度来源于国务院的统一定额，地方形成具体数量和岗位，上报国务院编制管理委员会统一备案，在一定范围内拥有适当调整的权利。但是这种编制管理办法，都是在现行的行政体制下完成的。与生态环境保护有关的岗位，主要职责也是本行政区域内的一些相关事务。当跨区域绿色治理工作与本职工作存在冲突时，两者难以兼顾。因此，一方面，放宽地方政府人事权力，让地方政府有足够的空间和权限引进专业环境人才，有合适的人选进行分工，兼顾区域内和跨区域环境问题。还要持续性地加强环保部门工作人员的理论学习、业务培训、法律知识培训。另一方面，在人事编制设置上，成立跨区域绿色治理机构，能够跟踪性、持续性地关注并解决跨区域绿色治理问题，实现从根本上防治环境问题的目标。

工欲善其事，必先利其器。跨区域绿色治理府际合作的达成还需要配备充足的环境物资。环境物资的配备，需要遵循三个基本原则：其一，标准化。在这里，应该推行标准化操作，这样才能保证环境监测、执法等环节的统一性，避免财力不足的地方政府环境设备匮乏的情况。其二，先进性。为了顺应信息时代的到来，提高绿色治理能力，可以逐步加大先进技术的运用，如卫星遥感技术、生态电子治理的运用等。其三，共享性。跨区域绿色治理具有跨行政区的特征，因此，在基础设施建设与使用过程中，应当遵循共享性原则，这样才能降低成本、提高治理效果。例如，空气监控网络，如果只关注本地区空气监控，不考虑整个区域的情况，那么即便设备技术再先进也无济于事，因此，各个地方政府要通过协商方式推进环境设备的共享。

第四节　畅通跨区域绿色治理利益表达与协调机制

一、培育府际协作文化，增强各方合作意识

"和谐的关系取决于沟通，而顺利的沟通取决于相似的价值观"。在传统

的行政区划下，由于行政等级观念和地方利益冲突等原因，各级地方政府之间多形成对抗性竞争关系，这种对抗性竞争在某些情况下，甚至会转化为地域间的恶意竞争，这不仅严重影响了跨区域政府合作的基础，也在相当程度上阻碍了各级地方政府对加强彼此合作的认识和热情。如何将这种对抗性竞争引导为合作性竞争，尽量弱化竞争衍生的消极影响，在最大化竞争优势和竞争的积极影响的前提下，充分激发合作各方的积极性和创造性，最大化府际合作中共容利益。笔者认为，首先应该加强府际协作文化的培养，通过提高合作意识等增强各级地方的跨区域绿色治理理念。这不仅是新形势下进行跨区域绿色治理的要求，也顺应时代发展的方向。

其一，关注生态文明建设，转变竞争观念。面对生态危机的严峻形势，党的十七大提出"建设生态文明"；党的十八大提出"大力推进生态文明建设"的战略决策，并从十个方面形成战略部署；党的十九大站在新的历史方位，明确指出"加强生态文明体制改革，建设美丽中国"。关注生态文明建设，这是根据我国具体国情做出的正确决策，它顺应社会发展规律，是党和国家进入新时代，面对新挑战作出的准确判断和把握。它是对可持续发展理念的进一步深入和拔高，关系着民族未来的福祉和发展，也关乎"两个一百年"奋斗目标和中华民族伟大复兴的中国梦的实现。在当前的大环境下，不管是处于行政级别的哪一个位置，中央政府和地方政府都无法将自己与外界完全隔绝，形成一个独立而封闭的世界，更无法在科技更加发达、联系更加紧密的世界里独善其身。如果一如既往保持对抗性合作或者不合作的态度，面对日趋紧张的资源和环境，我们都无法更好地面对世界。特别是面临公共管理、环境污染等问题，由于其本身的复杂性和覆盖的广泛性，更需要跨区域政府将可持续发展的视角放在一个更高的层次来看待问题，至少不再是一味追求经济的高速发展和快速增长，也应该同时看到环境方面不可忽视并亟待解决的问题。在物质生活得到极大丰富的今天，人民对美好生活的需求也不再是吃饱穿暖、高楼林立，我们也希望能呼吸清新自然的空气，食用健康安全的食物，体验魅力多彩的大自然，等等，这些都要求我们加快生态文明的建设。作为政府来说，我们更不能只看经济的增长而忽视人民对生活环境和生活质量的要求，这就促使着政府在公共管理、绿色治理等方面进行更多的投入。为了取得更好的生态文明建设成果，这就要求政府间，必须加强府际合作，进一步认识到生态文明建设的重要性和紧迫性，转变传统的对抗性竞争观念，加强友好合作，精诚团结，优化资源配置，既能降低府际合作的成本，又能取得绿色治理的实效。

其二，树立"整体性"治理理念，寻求共容利益。整体性治理，就是在跨区域府际合作的关系中，各方基于共同的价值取向，选择合适的治理模式和运行机制，对区域内环境问题进行统一治理。这有利于发挥区域内不同行政部门的优势，将多元化资源形成强大合力，提供更优质的绿色治理服务。整体性治理的逻辑起点，来自共同的价值观取向，即"合作共赢"的意识。这种价值取向，主张区域内绿色治理过程中，地方政府无论行政级别的高低，经济基础的强弱，均享有平等协商的地位和互信互助的权利。在冲突与利益、合作与摩擦中，各方求同存异，不再是以你或者以我这样自我本位的角度出发，而是以区域内环境问题的最优治理方式的角度，整体性、全局性、远瞻性地考虑，通过有机整合和通力合作实现在国家权力纵向嵌入下的绿色治理最佳效果。奥尔森指出，"所谓共容利益就是理性的个人或组织能够获得某社会产出增长额中相当大的部分，并且会因该社会产出的减少遭受极大损失，则该个人或组织在这种社会中便有一种共容利益。由此我们可以看出，共容利益在一定程度上可以刺激个人或组织关心并通过努力促进社会产出的长期稳定增长"[①]。环境问题在区域内不同地方的表现和受污染程度可能不尽相同。比如在一条河流的上、中、下游，可能因为利益冲突和自然状况等呈现出不同程度和不同角度的问题。但事实上，地方政府从作为"理性人"或者"经济人"的角度出发，不仅要考虑共容利益，也要考虑自身利益在过程中是否受到损害或者得到扩大。因此，要做到跨区域环境问题整体性治理，就需要在确保区域内各方自身利益的前提下，寻求共容利益并得到各方高度认可，不仅能更好地保证国家权力在绿色治理过程中的纵向嵌入，也能更好地取得治理效果。我国目前的行政体制下，对跨区域环境问题多采用分割式管理体制，而由于地方利益的驱使和地方保护主义的影响，区域内各方往往各自为营，难以取得有效的沟通和合作。如果各方寻求到共容利益的最大公约数，比如，认识到区域生态环境对可持续发展的重要性、对区域建设的重要意义以及相互之间的依赖性，等等，当这个共容利益大于区域内各方的自我利益

① 转引自允春喜、上官仕青.整体性治理视角下的跨区域环境治理——以小清河流域为例［J］.科学与管理，2015（6）：58-64.

时，在各方的权衡博弈下，府际合作将向着一个更有利于生态环境建设的方向发展。整体性治理的治理模式，依赖于科技发展带来的网络管理。跨区域环境问题通常涉及的地理面积相对较大，而合作各方又有区域内事务需要处理。因此，面对面对具体问题进行沟通耗时费力，通过网络进行管理，互联网的及时性和便捷性将大大降低府际合作的成本，提高治理效果。在运行机制上，我们无法构建一套绝对完美的规则实现永无冲突的运转，我们只能在发生问题的时候，通过协调和合作来进行解决。比如，在共同价值取向的基础上，广泛运用沟通、谈判、协商等方式整合资源，在不同层级、不同地域的地方政府之间建立良好的协商解决机制，整合区域内部资源，保障国家权力的纵向有效嵌入。

其三，加强地方政府诚信建设和信用度管理。在跨区域绿色治理过程中，各地之间存在的利益冲突不仅需要各种制度进行协调，也需要政府合作中的各方建立相互尊重的信任关系，增加合作各方的信任感和安全感，确保各项政策能够顺利执行。跨区域绿色治理环境下，府际合作的各方都不再代表本级地方政府的利益，而是作为整体性治理中的一员，属于一个共同体中的部分。政府间的信任度越高，府际合作绿色治理也更容易取得更好的效果。在现阶段行政改革中，各级地方政府也更加注重自己的诚信建设和信用度管理，但是这种意识还处于一个初步发展阶段，有待进一步加强和提高。一是加强地方政府的诚信意识和契约精神。府际合作从性质上来说也属于契约的范畴。在日常生活中，地方政府面对社会公众属于权力主导的一方，容易形成主导性决策，而在政府合作中，在各方之间利益平衡的需要下，需要相互协商达成一致。在各项政策的执行过程中，也需要各方遵守约定。因为虽然有法律法规作为府际合作的保障，但是在具体政策中，一些细节性问题难以全部受到法律的约束，行政命令等又不具有法律权威，因此，在合作过程中，更需要合作各方遵守约定，以保证各项政策的顺利进行。二是建立政府信用机制，加强政府信用度管理。府际合作也是政府博弈的结果，在合作过程中，除了行为上的遵守，也需要用明确的制度加以约束。建立政府信用机制，一方面需要政府具备良好的信用情况，以防范和应对合作过程中的不确定因素。另一方面，需要加强对地方政府信用度评价管理，鼓励多元主体的参与，督促地方政府注重信誉和诚信建设。

二、构建地方利益表达与共享机制

当地方政府之间在跨区域绿色治理上形成府际合作时，其实质是以权力配置、利益分配关系为主导的管理收益关系，简单来说，就是利益关系。这种关系是基于合作各方在经济、社会、生态效益等目的，通过反复权衡，利益博弈的结果。我国幅员辽阔，各地区之间有差异的经济发展水平和利益诉求。如果缺乏合适的表达，很容易在府际合作的各方之间产生隔阂，从而影响跨区域环境问题的治理。构建利益表达与共享机制的主要目的，就是通过这样的一个平台，让合作各方充分表达自己的利益诉求，在有争议的事项上进行协调，统一理念。与此同时，利益表达与共享机制，也能让合作各方共享绿色治理带来的成果和利益。因此，在府际合作过程中，我们首先需要看到各级地方政府的利益诉求。因为各地在政策制定上可能略有差异，当各级政府在绿色治理中形成合作关系，并适用府际合作的相关治理运行机制和管理办法时，各项具体政策如何嵌入原本的区域政策之中，就需要进行适当的协调。在跨区域绿色治理的各项环节中，需要进行利益表达和平衡。因为跨区域绿色治理是一项系统性工程，里面涉及众多复杂的分工，如何将有限的资源合理分配在不同环节，避免资源集中在某一具体专业领域，这需要充分遵循利益表达与共享机制来实现。除了各级政府的参与之外，区域内的公民和社会组织、行业协会等也都将作为参与者参与到跨区域绿色治理事业中来，如何保障他们的权益，也需要这样的机制作为表达的平台。比如，我们可以依靠现有的人民代表大会制度，发挥其民意代表和监督政府的功能，在地方政府与社会公众、环保组织、行业协会之间做好沟通交流的桥梁。通过地方利益表达与共享机制，我们可以在跨区域绿色治理事业中，形成一个区域性市场，或者说是一个区域性产业链，而这其中的一切工作都围绕绿色治理这样的一个核心展开。通过市场在资源配置中发挥的作用，我们可以结合不同主体的利益诉求，不同环节的治理需要，制定配套的制度来合理分摊支出，共享收益。

三、构建利益平衡与补偿机制

利益的驱使是各方合作的基础和动力，但各地区、各主体之间势必存在一定的利益冲突，而绿色治理所带来的收益是即使在前期没有进行任何投入都能够享有的一种权益。因为环境作为一项公共资源，我们无法通过行政权力去干预别人，使之不能享受空气、水源等自然资源。但是绿色治理的过程中又确实需要实实在在的投入，包括对自身利益适当的牺牲。因此，如何平衡各方利益，单纯依靠行政管理进行协调是有限的，我们更需要建立一套机制，让参与各方在规则方圆内享受权利的同时承担责任。

其一，建立完善的生态利益补偿机制。这种生态利益补偿机制的核心，就是要通过制度的建设，来实现合作各方之间的利益转移，从而达到生态利益合理分配的目的。比如，我们可以由生态链破坏方补偿生态受损方或者提供生态修复服务的一方；在府际合作的过程中，可以由经济水平较好的地方或者导致生态环境破坏责任较大的一方适当多承担义务性支出；在绿色治理过程中，承担责任和付出更多的一方以及发展相对滞后的一方，也可以在获取的生态收益进行分配时适当倾斜考虑。但是这种利益的再次分配，需要基于一个相对恒定的比例或参照，以"多劳多得"和"优劳优得"为基础，以免发生"搭便车"或者"我穷我有理"的现象。

其二，建立财政横向均衡机制。财政横向均衡机制，属于我国财税政策的一方面。当前，我国的财政转移支付制度主要包括税收返还、一般性转移支付和专项补贴三个方面。在前文中，我们已经介绍过财政纵向转移支付制度，而财政横向均衡机制则是与其配套的一项补充性制度。第一，在财税方面，可以通过设置生态税的方式，依据"谁污染、谁补偿，谁受益、谁负担"的原则进行。一方面，可以通过财税的收入对绿色治理所需的费用进行分担，减轻区域内各级政府的财政压力。另一方面，也可以通过税收的方式，提高相关主体的生态经营成本，也能起到一定的警示作用，并提高他们的环保意识。第二，在一般性转移支付中，注重财政横向均衡机制。我国在财税领域，主要实行的是垂直领导和管辖的方式，但是横向财政上沟通较少。结合整体性治理和利益协调的要求，府际合作关系中的各方在跨区域绿色治理中，属于一个整体职能部门。在财政方面可以根据合作各方的具体经济实力，适当地进行横向调整，帮助贫困落后地区完成治理任务。

其三，设立专项补贴。目前，中央专项补贴主要是通过具体项目的形式完成操作。但是项目落地容易，维护较难。而绿色治理并非"一锤子买卖"，它需要后期进行大量的投入，而中央的财政专项补贴在生态维护后期难以提供坚实的保障，地方政府就可以通过设立专项基金的方式，对某一重点难题或紧缺资金的环节进行补助。专项基金作为宏观利益分配下的微观调整，在整体性财政预算范围内，灵活分配资源，也有利于绿色治理目标的实现。综上，通过构建生态利益补偿机制和财政横向均衡机制作为府际合作中利益平衡与补偿的重要方式，能够实现区域范围的资源整合优化，这对提高地方政府在跨区绿色治理中的积极性具有正面促进作用。不仅如此，一套完善的机制的建立，也能规避传统行政管理的一些弊端，比如，由于政策不稳定带来的变化就能得到很好的解决。利益作为府际合作的根本，也是府际合作中的重点和难点，协调好利益冲突对于稳定合作关系也具有深远的意义。

综上，在动力整合方面，通过培育府际协作文化，增强地方政府的合作意识；通过构建利益表达与共享机制，保障跨区域绿色治理各环节顺利进行；通过构建利益平衡与补偿机制，化解合作各方基于利益冲突可能带来的摩擦，构建和谐有序的府际合作关系等，不仅能为府际合作带来新的生机与活力，也是保障国家权力在绿色治理过程中实现纵向嵌入的有效方式和手段。

第五节 优化跨区域绿色治理多元主体参与机制

一、积极培育非政府组织

在府际合作进行绿色治理过程中，国家权力的嵌入是保障环境保护持续推进的内在动力。同时，随着社会经济的发展，网络化和信息化的普及也促进了信息的传播，公民权利意识不断觉醒，在这样的新局面下，由于政府资源有限，单靠府际合作进行绿色治理，难以满足生态文明社会建设发展的需要。自然环境作为一种公共资源，每个人和机构都是公共服务和公共产品的享有者和消费者，也有权利作为绿色治理的参与者。积极培育非政府组织，笔者认为，可培育的非政府组织大致可以分为以下三类。

第一，由专业学者和学术专家为主体构成的专门咨询机构。该类非政府组织主要依靠高校和政府相关部门的支持，在学术研究过程中，结合高校和政府相关部门提供的资源，综合学术研究的成果，提出具有专业水准的意见，供地方政府在进行政策制定时作为参考。同时，由于该类机构的组成人员在学术界具有一定的成就和权威，有利于在政府间获得更多的专业认可，并将这种认可形成一股推动力量，促成府际合作中各方选择相同或类似的治理模式，减少合作冲突，优化合作效果。

第二，与绿色治理有关的行业协会。环境污染涉及方方面面，比如，水污染、大气污染、土壤污染，等等，这些污染都是不同污染因素相互作用的结果，其影响也从污染源扩散到临近区域。由于环境污染具有持续性和广泛性的特征，在治理过程中也存在许多问题。而行业协会作为一种民间性组织，能在政府和企业之间起到良好的纽带和桥梁作用，特别是一些跨区域的行业协会，积极培育该类非政府组织的发展，不仅能帮助府际合作过程中各项政策顺利执行，也能帮助企业反映自己的需求，维护合理权益。

第三，有一定规模的环保组织。环保组织的专业性较强，经过多年的发展，已经具有比较完整的组织体系，是我国推动环境保护事业的一支重要力量。邀请一些有一定规模的环保组织加入绿色治理的事业中来，可以作为府际合作的补充和辅助，更好地开展相关工作。比如，开展形式多样、内容丰富的环保知识宣传教育活动，引导社会公众建立良好的环保观念；组织社会公众参与环境保护工作，身体力行地激发环保热情，强化环保观念。

与政府相比，以上三类非政府组织具有较强的灵活性和适应性。在府际合作中，能更好地协调合作过程中可能带来的摩擦，平衡各方利益，优化社会效益。

二、激发企业参与活力

推动区域内企业的参与。企业与上述非政府组织的不同之处在于：非政府组织多为非营利性组织，其参与绿色治理中的目标明确；而区域内企业作为一个经济体，特别是在经营成本较高的当下，追求经济利益优先是大多数企业的选择，企业违规排污等行为也屡禁不止。区域内企业，特别是跨区域企业，作为绿色治理过程中的重要一环，他们的参与程度直接影响着绿色治理的成效。因此，加强企业的环保意识，严格遵守环境保护管理制度对落实各项跨区域绿色治理政策具有重要意义。

对企业而言，最直接参与到绿色治理中的方式就是在取得排污许可的前提下，加强排污权制度的建设。需要进行排污的企业，在环境保护主管部门的统一管理下，在规定的排污份额内排放符合标准的废弃污染物。这个份额，可以根据企业的经营性质、纳税情况等综合考虑。一旦超出份额，环境保护主管部门即可根据该企业排污情况从重加征排污税，当然，企业也可根据自身生产经营情况，在排污份额不足的情况下，主动向其他排污份额有余的企业购买排污份额，或者通过购买等形式直接向环境保护主管部门购买排污份额。通过对排污权的管理，不仅能规范企业的排污行为，也能加强区域内绿色治理的合作关系。

三、鼓励社会公众积极参与

要实现跨区域绿色治理的目标，不仅需要在府际合作过程中更好地融入国家权力，也需要充分发挥社会各界的力量。因为环境状况与每个人的生活都息息相关，因此，公众参与是环境治理的必然趋势。在跨区域绿色治理过程中，政府的内部合作承担着主导治理方向的作用，公众参与同样也起着十分重要的作用。一方面，社会公众对跨区域绿色治理过程中的各项事务享有相应的知情权，有权力了解府际合作过程中各环节的情况；另一方面，社会公众又对政府行为享有监督权，有利于规范府际合作中的各项操作。因此，可以建立交流沟通平台，及时公布相关信息，保障社会公众知情权的同时，接受社会各界人士的监督，实现跨区域绿色治理过程中，府际合作各项事务的公开透明。通过保障社会公众的知情权和监督权，提升社会公众的环保参与热情，促使社会公众积极投身到我国环保事业中来，共同构建生态文明社会。

四、多元主体协同治理模式

跨区域绿色治理是一项系统工程，涉及多个主体与多个环节，亟须共建共享，其主体过程治理模式在建设蓝图转向现实过程中发挥关键与保障作用。

主体协同包括政府、企业、非政府组织以及公众之间在思想意识、职能定位以及能力方面的协同。思想协同，是指政府主体、企业主体、非政府组织主体以及社会公众主体均能够秉持生态文明理念，坚持绿色发展，牢固树立"绿水青山就是金山银山"观念，改变过去高耗能、高污染发展模式及其背后的价值观。职能定位协同指的是政府、企业、非政府组织、社会公众能够明晰各自在绿色治理中的职责，并且相互协同。能力协同则是指政府、企业、非政府组织、社会公众能够具备绿色治理所需要的知识、技能以及必备的装备等。

过程协同包括多元主体在跨区域绿色治理议程设置、目标规划、方案决策、执行过程以及绩效评估等全过程的协同。议程设置协同，指生态环境问题被公共政策者所关注并着手解决处理。影响绿色治理政策议程设置的因素有：公民个人的作用，即将私人问题通过新闻媒体等途径予以公开化掀起舆论关注；利益团体的作用，即特定利益团体通过游说、宣传、抗议等手段，迫使政府将其提出的问题列入政策议程并作出倾向于自己的决定；政治领袖的作用，出于政治使命感或个人需要关注社会问题；政府体制的作用，特别是民主和开放程度从制度上保障了信息的传播及利益的表达；大众传媒的作用，即大众传媒凭借高覆盖率、大信息量、广影响面等影响对社会问题的关注；专家学者的作用，考量的是专业优势和技术特长；问题自身的作用等。经过一定的触发机制，生态环境问题进入政策议程。[①]目标规划协同指各方在绿色治理目标上达成一致，是治标还是治本、是单一问题解决还是环境问题与其他问题综合解决等。方案决策协同是指为实现目标规划所做的具体方案，应当遵循科学化、民主化的原则。执行过程协同指各方在政策宣传、物质组织准备、政策实验、全面推广等方面的协同；绩效评估协同，是指政策执行效果的评估，是否达到了预期的目标，是矫正偏差还是修订目标等。只有实现各方的全过程协同，绿色治理才能取得实效。

第六节　强化跨区域绿色治理激励约束机制

一、完善行政绩效评估体系

我国传统的行政绩效考核制度，主要是以经济效益为考核核心，即 GDP。GDP 作为一个指标，不仅反映了任职期间内，经济发展的状况和水平，也代

---

① 陈庆云. 公共政策分析［M］. 北京：北京大学出版社，2009：93–121.

表着任期内行政主管的绩效和政绩。由于现行的行政绩效评估体系过分追求经济利益，而行政官员的任期又有一定的时间限制，因此，在激烈的晋升竞争中，才会出现一个地区的道路修了又挖、挖了又修的情况，各地行政领导在追求 GDP 的过程中，往往只看重眼前利益，短期利益，而容易忽视环境问题，经过日积月累，环境负担逐渐成为阻碍地方经济发展的一道屏障。同时，由于政治博弈的需要，官员为增加自己晋升的政治筹码，地方保护主义倾向严重，也不愿积极主动倡导跨区域合作，这也严重影响了国家权力在跨区域绿色治理中的嵌入。

　　跨区域府际合作的核心在于利益的重新分配，如何进行重新分配则需要一套完善的制度来指导地方政府的选择和操作。因此，笔者认为，现行行政绩效评估体系的建设主要可以从以下几个方面进行考虑。第一，科学合理的量化行政绩效评估的各项指标。不仅应包括经济增长率、社会就业率、社会治安事件发生率等，也应当包括政府服务意识、公民参与情况等指标。多种指标按权重进行折合，最后得到一个综合评价。这样有利于帮助地方政府主动转换思维，提供更好的公共服务。第二，吸纳多元主体参与行政绩效评估，建立民主评议制度。重视地方政府在跨区域合作中的表现，通过不同主体对政府行为的评估反馈，来综合评价政府在跨区域绿色治理中发挥的作用，取得的效果。第三，逐步建立绿色政绩导向考评机制。在行政绩效评估过程中，我们不仅要关注对短期利益的评议，更要考虑对区域内长期发展的影响。从时间上看，我们可以增加对区域内环境中长期影响的指标，避免急功近利带来的环境损害。第四，增强协调配合激励力度。在对跨区域府际合作中发挥积极主要作用，贡献突出的地方政府或部门进行奖励；对敷衍绿色治理工作，"搭便车"的地方政府或部门进行问责。通过加大激励力度的做法，鼓励地方政府积极参与跨区域绿色治理，通过制度的约束，促使地方政府加大对府际合作的投入，更好地实现国家权力的纵向嵌入。

二、建全生态环境问责制度

　　我国绿色治理问责制度尚不健全，目前问责的主体主要为上级行政机关，司法机关、社会公众等参与较少，难以形成有效合力推动跨区域绿色治理的发展。我国《环境保护法》第二十六条规定："国家实行环境保护目标责任制和考核评价制度。县级以上人民政府应当将环境保护目标完成情况纳入对本级人民政府负有环境保护监督管理职责的部门及其负责人和下级人民政府及其负责人的考核内容，作为对其考核评价的重要依据。考核结果应当向社会公开"。也就是说，在我国现有的绿色治理管理体制下，采用的是一种行政系统内部的问责管理机制，排除了司法机关和社会公众的参与。这种内部问责体系，容易导致自由裁量权过大，问责结果有失公平等情况。健全生态环境问责制度，笔者认为可以从以下几个方面来架构。

首先，扩大生态环境问责主体。问责主体不仅应当包括上级行政主管机关，也应当包括地方人民代表大会、司法机关、社会公众等力量。进一步扩大生态环境问责主体范围，形成多方有效参与，有利于形成全方位、多层次的生态环境问责体系。其次，明确不同主体问责范围。要明确不同主体责任范围，首先要明确生态环境责任的承担主体。由于我国绿色治理和监管权逐步分权化，而环境问题的复杂性和综合性又容易致使各级地方政府之间、地方政府不同部门之间的边界模糊、责权不清。责任主体的缺失和虚化容易导致生态环境责任在不同部门之间出现"踢皮球"的现象。因此，要明确不同主体问责范围的前提就是要先明确各级政府之间的绿色治理职能和责任。在此基础上，再根据不同问责主体的特点划分相应的问责范围，分权却又集中地行使生态环境问责权利，相互之间合作而有制衡，这样更有利于推进生态环境问责制度的建设。最后，明确生态环境问题的问责方式。不同问责主体享有不同的权利，承担不同的社会分工和社会角色。"目前针对地方政府的环境问责方式包括区域限批、建设项目环评限批、取消环境保护荣誉称号和经济处罚等，这些方式对于防范地方政府在环境保护和污染治理方面的违法行为发生具有一定的威慑力，但仍不能从根本上遏制环境违法行为发生"。这些现有的问责方式主要来源于上级行政机关的权力。而在地方人民代表大会、司法机关、社会公众参与问责的情况下，则应当制定相应的问责方式，发挥多元主体的问责优势，督促府际合作的各方在进行跨区域绿色治理的过程中，依法正当履行职责，保障国家权力在过程中的纵向嵌入。

三、构建政府合作监督体系

我国《环境保护法》第二十七条规定："县级以上人民政府应当每年向本

级人民代表大会或者人民代表大会常务委员会报告环境状况和环境保护目标完成情况，对发生的重大环境事件应当及时向本级人民代表大会常务委员会报告，依法接受监督"。由此可以看出，当前行政制度下，我国对环境问题的监督机关主要是本级人民代表大会和人民代表大会常务委员会。但是具体的监督方式、监督权力内容等并未做详细规定和说明。这就意味着，地方人大对本级政府在环境保护问题的监督上面是一项笼统性的权力。而府际合作作为一种跨区域的合作关系，地方人大监督权的相对性难以发挥实际作用，这就容易出现监督管理的漏洞，一旦出现监督权的缺位，府际合作过程中的各项情况就难以考量。因此，构建政府合作监督体系，对提升府际合作协调配合效能具有十分重要的意义和作用。

第一，构建府际合作内部监督体系。府际合作过程中，双方虽处于平等关系上为共同目标而努力，但由于不同地域之间的差异，极易出现机会主义行为和地方保护主义行为，从地方政府信用管理意识和诚信水平上看，也需要建立一套府际合作内部之间的长效监督制度。合作各方形成相互监督关系，通过长效监督机制的建立，在保障合作各方依约履行职责的基础上，也能推动府际合作持续稳定地发展。

第二，加强上级对府际合作的监督。府际合作的各方，在合作关系中，无论是经济发展水平、地域面积还是环境受污染程度轻重等情况，都享有平等的合作关系。而在合作过程中，由于地域文化、价值观取向等因素的干扰，冲突与摩擦在所难免。因此，在中央主导下，建立上一级行政部门主管的协调监督管理机构，在行政级别上，该机构高于府际合作的级别，享有更高一级的行政权威和公信力；在地位上，独立于府际合作各方，有利于保证协调监督的公平、公正，这样，有利于实现宏观层面的监督。

第三，纳入外部监督。除了府际合作各方之间和府际合作至上的监督约束之外，在跨区域绿色治理的过程中，也应该纳入公众监督和舆论监督两种方式，作为政府合作监督体系构建的外部保障。通过第三方的参与，有利于督促政府合作内部规范行为，整合资源，发挥更好的内部监督效果。

第四，建立相应的处罚机制。既然进行全方位的监督，就会形成一个积极或消极的监督效果。对于积极效果，我们可以根据前文提到的补偿措施等对相关主体进行褒扬和鼓励。对于消极效果，我们也应当采取一定的措施促使相关主体改正错误行为，确保府际合作协调有序地发展。当然，处罚的主要目的，不是对行政机关进行惩罚，而是通过一种强有力的手段来保证跨区域绿色治理所需要的府际合作合力，充分调动闲置资源，确保政府合作监督体系发挥最大的效果，促进国家权力在跨区域绿色治理中的施展。

第七节　搭建跨区域绿色治理信息共享平台

一、充分利用环境监测与治理技术

技术深刻影响着人们之间的协作。随着人们对环境问题的关注不断提高，环境监测与治理技术也取得长足的发展，环保行业也获得新的生机与活力。在跨区域绿色治理过程中，要想获得更好的治理效果，就需要充分利用和发挥环境监测与治理技术。在目前的绿色治理过程中，由于各地区经济发展水平等差异，在绿色治理上，采用的技术设备和标准等并未完全统一，这就容易导致各地在环境信息上出现不对等的现象，不利于府际合作治理中实现信息共享。以空气治理为例，2017 年，（原）环保部印发《国家环境空气质量监测网城市站自动监测仪器关键技术参数管理规定（试行）》，对重要参数、管理备案等作出具体规定，这些技术体系能够为跨区域绿色治理提供科技保障（表 6-2）。但由于各地在实践中，对设备选择、监测方法选择等存在差异，也容易出现对府际合作认知上的误差。因此，笔者认为，在环保技术上，至少可以通过以下几点为府际合作绿色治理提供更好的信息保障。

首先，加大对环境监测技术的投入与应用力度。环境监测技术至少由环境监测设备和环境监测人员两部分组成。在设备上，相关部门可从加大环境监测与治理技术的资金投入方面出发，注重技术研发，全方位大力推广高新技术，通过科技的力量推动环境监测与治理技术取得关键性重大突破。在人员上，注重对相关从业人员的知识技能培训，加强他们对专业技术的把握和使用，能够更加科学合理地将环境监测技术投入到实际生活中，发挥更大的效用。

其次，吸取国外有效经验和先进治理成果。结合国外治理经验和成果，弥补国内现有环境监测与治理技术的不足，完善现有环境监测与治理技术的局限性，提高我国环境监测与治理技术的应用水平。

最后，在监测网点分布、监测方法选择上，区域内部可通过协商等方式形成一致，这样不仅有利于为跨区域绿色治理建立统一标准，也能提供通用数据，节约治理成本。

表 6-2 城市群区域大气复合污染综合防治五大关键技术 [1]

名称	技术要点
区域大气复合污染在线立体监测技术	发展大气复合污染关键污染物的快速在线监测技术、三维立体和流动在线监测技术，为构建天、空、地一体化城市群大气复合污染观测、研究和示范平台奠定技术基础
区域动态污染源清单技术	建立区域大气污染源排放信息的技术规范、技术标准和动态数据平台，开发区域大气污染源识别与污染源清单校验技术
区域大气复合污染预测预警技术	通过多尺度、多污染物的区域综合空气质量模拟系统，建立科学家、管理者和公众皆认可的具有约束力和公信力的法规空气质量模拟系统和决策性工程化模型，实现区域空气质量的实时监测、预报和预警
关键区域污染源控制技术及设备	针对城市群区域大气复合污染关键污染物，开发各种有共性的污染源排放控制技术与设备
区域大气复合污染控制的决策技术	建立城市群区域的环境承载力与大气复合污染控制的指标体系，确定区域内各行政单元的减排目标；开发区域污染物排放总量控制技术和分配技术，构建区域大气复合污染区域调控的多目标决策支持平台，建立区域协调机制与管理模式

二、打造政府间绿色治理沟通交流平台

跨区域绿色治理国家权力纵向嵌入的一个难点在于纵向地方政府之间由于行政级别的规定，难以实现平等的交流沟通。而府际合作的各方又属于相互平等的主体，区域内各方都应该平等地表达自己的利益诉求并及时了解合作伙伴的需求与选择。然而，由于行政级别等原因，各级地方政府之间极易出现权责不对等、沟通不对称、信息封闭等情形，这就导致府际合作之间的价值观选择、利益抉择等难以达成共识。

打造政府间沟通交流平台，旨在通过该平台可以实现纵向地方政府间平等对话、友好协商，完善府际合作相关事宜。目前，我国府际合作的过程中，已在小范围内建立了良好的沟通交流渠道，如召开联席会议，论坛等。在今后的府际合作中，一方面，我们可以依托联席会议或者论坛等形式，搭建各

---

① 资料来源：连玉明，等.中国国策报告（2009-2010）[M].北京：中国时代经济出版社，2010：229.

种正式或非正式的场合，围绕跨区域绿色治理中的各项问题，通过地方政府与相关职能部门之间的权责边界，召开不同规模的例会，对有关问题进行充分地表达和协商，实现各方的有效沟通，促成府际间的进一步合作认识。另一方面，我们可以利用互联网的优势，在区域内搭建纵向信息网络沟通交流平台，让不同层级的政府都能通过该平台平等地享有区域内所有绿色治理信息，并在此基础上进行使用和完善。

三、健全环境信息共享机制

政府间沟通交流平台作为一项基础设施得以建设和完善之后，基于该平台，我们就需要做好进一步的信息共享机制建设。在信息共享机制中，最核心的应该是信息共享的流程和方式。对此，可以在区域内建立一个信息管理机构，先通过该机构，统一汇总区域内不同层级地方政府提供的绿色治理信息，然后再通过梳理和分类之后，在平台进行发布并供大家参考。

信息共享作为打破信息不对称、信息垄断的重要方式，可以为区域内有关各方提供良好的沟通交流素材，促进各方进一步开展绿色治理合作工作。通过信息共享机制，鼓励各方参与信息共享，大家既是绿色治理信息的提供者，又是环境信息的享有者。一方面，可以通过信息提供，督促各级地方政府更好地开展绿色治理工作；另一方面，通过信息分享，也能为各级地方政府提供良好的参照和参考，吸取先进经验，改进自身不足。

信息共享不仅是在区域内为各级政府提供服务，通过信息共享这种方式，也能为社会公众提供一个信息公开的平台。不仅让公众能有一个新的渠道了解绿色治理的相关信息，也能通过信息公开让公众更好地参与到绿色治理工作中来，并且对政府工作实时进行监督。

第八节　本章小结

嵌入是个系统工程，纵向嵌入的有效运行离不开完善的治理系统工程。针对跨区域绿色治理府际合作中国家权力纵向嵌入保障存在的问题，本章提出有针对性的解决方案。其一，健全跨区域绿色治理法律保障体系，主要措施包括完善跨区域生态环境立法，增强法律可操作性；提高环境违法成本，严肃跨区域环境执法。其二，建立多层次跨区域绿色治理组织结构，主要措施包括进一步提升中央政府、国家环保主管部门的地位和权威；完善跨区域绿色治理行政协调的组织体制。其三，推进跨区域绿色治理能力匹配与平衡化，主要措施包括明确央地事权划分，确保事权与财权相匹配；培养专业环境人才，配备充足环境物资。其四，畅通跨区域绿色治理利益表达与协调机制，主要措施包括培育府际协作文化，增强各方合作意识；构建地方利益表达与共享机制；构建利益平衡与补偿机制。其五，优化跨区域绿色治理多元主体参与机制，主要措施包括积极培育非政府组织；激发企业参与活力；鼓励社会公众积极参与。其六，强化跨区域绿色治理激励约束机制，主要措施包括完善行政绩效评估体系；建全生态环境问责制度；构建政府合作监督体系。其七，搭建跨区域绿色治理信息共享平台，主要措施包括充分利用环境监测与治理技术；打造政府间绿色治理沟通交流平台；健全环境信息共享机制。法律保障、组织结构、能力匹配、动力整合、多主体参与、激励约束、信息保障等多管齐下，为跨区域绿色治理府际合作中国家权力纵向嵌入提供良好的保障条件。

第七章　跨区域绿色治理中纵向嵌入机制差异化策略及个案分析

第一节　跨区域绿色治理中纵向嵌入机制差异化策略

在中国现行政府体制环境下，上级政府在地方政府间合作中具有较为突出的作用，但一定要坚持上级政府的作用与地方政府的自发性和自主性两者要相辅相成、不冲突，发挥出两者的积极性。一般来说，首先要界定清楚跨区域绿色治理的具体类型，在此基础上制定有区别的介入方式，选择恰当的时机、程度与方式，这样才能发挥出府际协调的最大化效果。在进行跨区域环境治理合作类型的划分时，考虑的因素主要有：建设主体，即在生态环境项目进行中各个行政区域参与方的数目多少，是单一还是多个；受益范围，是指生态环境项目行政区域受益者的数量，有无外部性，外部性影响有多大，与参与方是一种重叠关系还是超出关系；增益情况，是指综合考虑生态环境项目的后果，包括生态、经济等综合效果。综合考量上述标准，可以将跨区域环境治理合作归纳为共建共享型、单建单享型、单建共享型、共治共享型四种类型（表7-1）。[①]

（一）共建共享型区域绿色治理合作。共建共享型区域绿色治理合作类型着力解决绿色贫困问题。此类合作中，区域内的各地方政府之间往往具有较大的共同利益，合作动力较强、主动性自发性较强，以此推动治理要素的流动而进行合作。这类合作所面临的主要风险是利益沟通协调与分配的风险。因为各个主体之间能够互利共赢、也能够取得较好的生态、经济等综合效果，因此，它们之间就能以较低成本、较低风险生成利益共同体。在这种背景下，横向间政府合作绿色治理比较恰当，府际行政协议、联合投资等是恰当的方式。而此时，可以降低国家权力纵向嵌入发挥作用的程度，宜运用战略规划的方式，自上而下进行战略规划部署，或者自下而上地方政府间达成协议后上级政府认可变为更高层次的战略规划，两种方式齐动，达成绿色治理目标、治理合作路径、共同享受治理效益。

（二）单建单享型区域绿色治理合作。在这类绿色治理中，生态环境项目

[①]　本部分观点作为课题阶段性成果已发表，具体信息：张雪.跨区域环境治理中纵向府际关系协调探析[J].地方治理研究，2019（1）：70-77.

的治理主体是与其受益主体分开的，并不是一一对应重叠的关系，治理方主体往往会由于治理任务而牺牲发展的机会。这种情况下，区域内政府间区域合作就具有利益沟通与协调、监督执行等风险。由于利益紧密相连，总体上横向政府间的合作成本还是要低于国家权力纵向嵌入的成本，因此，要控制纵向府际关系介入程度，选择好合适的嵌入方式——进行项目评估、项目监督等，更多需要发挥地方政府绿色治理横向合作的主动性和积极性，采取府际行政协议、联席会议等多种形式，减少交易成本，实现各地方政府间利益的充分沟通、磋商、协调与补偿，减少机会主义，最终实现至少双方都能接受的方案甚至是双赢的方案。

（三）单建共享型区域绿色治理合作。这种合作类型最明显的特征是建设主体单一，由一个共同主体单元来承担，而受益主体较多，典型的"一对多模式"。在这里，建设主体跟其他受益主体打交道的成本是很多的，既有常规的时间、精力成本，期间也因为府际间生态利益补偿核算难度较大的客观原因导致利益协调风险大，容易产生机会主义问题，总体上合作风险是比较大的。显然，只依赖地方政府之间的横向协作是无济于事的，解决的思路是使生态环境的外部性问题尽量内部化，以此降低交易成本。这时候亟须纵向府际关系的嵌入，采取项目评估审核、制度激励、省部际联席会议等方式予以解决，实现方案的权威性、科学化、公平化、可接受化于一体。

（四）共治共享型区域绿色治理合作。此类区域绿色治理合作主要针对的是环境污染问题、环境隐患问题、生态退化等问题。这种类型合作中，涉及主体较多，每个主体都可能是绿色问题的制造者、治理者、受益者，多重角色于一身。在这期间，排污量如何界定、治理责任如何权衡等问题处理起来很复杂，它们之间存在利益冲突，机会主义行为也会频频出现，总体上合作风险是很大的。因此，仅仅通过地方政府间横向府际协同是难以奏效的，此时应当主要依赖国家权力的纵向嵌入这一成本相对低、效果相对好的方式介入，涉及的具体政策工具也包括宏观战略规划、法律法规规章、组织设置等。

综上而言，国家权力纵向嵌入机制协调在跨区域绿色治理中发挥着巨大的作用。当区域内各地方政府间差异特征明显，区域合作外部性明显时，横向合作协调成本要高于纵向协调的交易成本，致使区域绿色治理目标难以实现。只有根据交易成本理论作为基础，根据归纳的四种跨区域绿色治理合作类型有区别，有针对性地进行探讨，来决定国家权力纵向嵌入的时机、程度与方式，方能实现横纵两种协调机制的有机结合、提高治理绩效、共同打造绿色共同体。

表 7-1　跨区域绿色治理中纵向嵌入机制差异化策略

区域合作类型 影响因素		共建共享型区域合作	单建单享型区域合作	单建共享型区域合作	共治共享型区域合作
合作风险	利益沟通	利益的协调难度小	各方利益沟通协调难度相对较小	针对各方利益协调事物较多	各方利益沟通协调难度很大
	利益分配	利益分配比较简单	利益核算相对简单	利益补偿核算难度比较大	利益分配难度很大
	监督执行	机会主义可能性较小	机会主义可能性相对较小	存在机会主义行为	机会主义问题严重
	风险评估	合作风险较低	合作风险相对较低	合作风险较高	合作风险很高
纵向嵌入的时机与程度		横向机制成本低于纵向机制，纵向府际关系不宜过度介入	横向机制成本低于纵向机制，纵向府际关系不宜过度介入	纵向机制交易成本低于横向机制，适宜采用纵向嵌入式治理机制	纵向机制交易成本低于横向机制，适宜采用纵向嵌入式治理机制
纵向嵌入的方式		战略规划	府际行政协议、联席会议，特殊情况采取制度介入	项目评估审核、制度激励、省部际联席会议	宏观战略规划方式、法律法规规章

第二节　共建共享型跨区域绿色治理模式：
以桂黔滇生态扶贫为例

一、滇桂黔生态贫困区概况

滇桂黔生态贫困作为贫困的一种主要类型，主要是由自然和人为因素引发导致生态环境恶化的各种贫困现象，它主要是由于人们对生态资源的破坏与不合理利用，使得生态环境恶化，超过环境的承载能力，不能够满足区域内人们生活的基本需求，也不能维持当地生产的地方性贫困。而这片区域涉及范围广，精准扶贫难度大，搞好生态建设就是脱贫的基础。为此，2012 年结合国家区域战略和扶贫攻坚战略，（原）国家林业局启动了《桂滇黔喀斯特石漠化防治生态功能区生态保护与建设规划》旨在进一步明确生态保护与建设的发展方向，争取加大投入和政策扶持力度，指导桂滇黔喀斯特石漠化防治生态功能区生态保护与建设工作。

滇桂黔的生态扶贫主要集中于桂滇黔石漠化地区，位于我国的西南边陲，云贵高原东南部及广西盆地过渡地带，南与越南接壤，属于典型的高原山地构造地形，石漠化面积大，涉及了云南、广西、贵州三省（自治区）的10个州（市），26个县（市、区）。其中，广西5个市12个县（区），贵州4个市（州）9个县（市、区），云南1个州（市）5个县（市）。区域国土总面积7.71万平方公里，各类石漠化和潜在石漠化总面积1.59万平方公里，占国土面积的20.61%，[①]是典型的跨多个行政区域的地区。根据《全国主体功能区规划》将云南、贵州、广西重点石漠化分布范围涵盖了三个省份诸多行政区域（表7-2）。"滇桂黔石漠化区是典型的'老、少、边、山、穷'地区，是我国新一轮扶贫开发的主战场，滇桂黔三省（区）有80个贫困县分布在滇桂黔石漠化片区。片区人均地区生产总值、人均地方财政一般预算收入、农民人均纯收入三项指标分别只相当于西部平均水平49%、44%和73%"[②]。该区域自然条件状况较差、交通不便、生产生活方式落后，很多县是贫困县，扶贫任务艰巨。考虑到桂滇黔地区地理位置毗邻，拥有诸多优质的生态资源，再加上丰富多彩的少数民族资源，因此，整合资源共同打造生态旅游区，成为该区域扶贫的重要途径之一[③]。

表 7-2　桂滇黔生态贫困区范围表

省区	行政范围	*国土面积（平方公里）	石漠化面积（平方公里）
3	26	77 109.0	15 894.7
广西壮族自治区	上林县	1 876.0	405.1
	马山县	2 345.0	356.6
	都安瑶族自治县	4 092.0	1 518.8
	大化瑶族自治县	2 854.0	1 103.7

---

① 《桂滇黔喀斯特石漠化防治生态功能区生态保护与建设规划》（2012）.
② 《关于印发全国主体功能区规划的通知》（2010）.
③ 陈炜.论桂滇黔民族旅游圈的构建［J］.社会科学家，2014（3）：77-81.

省区	行政范围	*国土面积（平方公里）	石漠化面积（平方公里）
	忻城县	2 541.0	1 178.8
	凌云县	2 036.0	358.3
	乐业县	2 617.0	260.7
	凤山县	1 743.0	397.0
	东兰县	2 435.0	728.4
	巴马瑶族自治县	1 966.0	386.9
	天峨县	3 196.0	80.3
	天等县	2 159.0	758.5
贵州省	赫章县	3 245.0	288.8
	威宁彝族回族苗族自治县	6 296.0	772.2
	平塘县	2 816.0	746.5
	罗甸县	3 010.0	719.4
	望谟县	3 006.0	565.4
	册亨县	2 597.0	195.1
	关岭布依族苗族自治县	1 468.0	543.2
	镇宁布依族苗族自治县	1 721.0	445.1
	紫云苗族布依族自治县	2 284.0	355.5
云南省	西畴县	1 545.0	199.0
	马关县	2 755.0	888.7
	文山市	3 064.0	760.0
	广南县	7 983.0	1 520.7
	富宁县	5 459.0	362.0

二、滇桂黔生态扶贫共建共享型模式分析

（一）滇桂黔生态扶贫区合作风险

其一，利益沟通协调风险。在滇桂黔生态扶贫区域，建设主体包括云南、广西、贵州三个直接相关的省份，彼此之间的沟通协调也成为重要考虑因素，是区域合作风险的重要来源。为有效解决区域生态贫困问题，打造生态旅游

圈成为其共同选择之一，得到三地政府、企业及公众的共同选择。"旅游圈是由一个或者若干个中心组成，具有层次性的空间组织结构；旅游圈内各组成部分需有动态的相互联系和影响；构建旅游圈的主要目的是通过资源的整合而获得更大的经济效益，同时还需兼顾社会和环境效益。"① 虽然各地政府有其地方自己的考虑，并不排除冲突和矛盾的存在，但考虑到生态旅游致富的认知及共同迫切性等因素的影响，各地方政府无形中形成了"一荣俱荣、一损俱损"的情况，出现某一地方政府为了维护自身区域内的利益而损害区域整体利益的行为之情况较小，绝大多数情况下都还是能够为了区域生态旅游整体利益而行事。应当是，该区域生态治理的利益沟通风险难度较小。

其二，利益分配风险。滇桂黔各地方政府之间没有领导和被领导的关系，地方政府之间的横向合作是靠共同利益的驱动。在共建共享模式下，各个地方政府之间的利益分配比较明确，它们所承担的成本是区域生态旅游品牌的营销与运营、区域生态旅游基础设施的建设等，共同享受经济和生态等方面的收益，具体分配上更多遵循旅游资源所属地原则。总体上，各方能够有效推动相关利益方为了集体利益而自主组织行动起来，共同参与生态旅游，利益分配风险也较小。

其三，监督执行风险。无论是哪一种治理模式，都需要建立相应监督执行机制。在滇桂黔区域生态旅游中，地方政府采取共建共享治理模式。由于共同利益的存在、相关方信息获取比较充分，导致地方自我行为约束能力较强。因为一旦出现"道德风险"，影响到整个区域旅游形象而影响客源，本区域最终也只能受损。因此，为有效保证各地方政府的持续受益，"搭便车"、机会主义的行为概率较小，总体上区域内地方政府合作的监督执行风险较小。

总而言之，滇桂黔区域内地方政府间所掌握的资源具有较强的同质性，在合作过程中处于基本平等和相互依赖的地位。地方政府通过采取共建共享模式，整合资源、成本分摊和利益共享，降低区域合作风险，从而取得规模效益，总体上政府间合作成本是较低的。

（二）滇桂黔生态扶贫区治理模式选择

在滇桂黔连片特困区治理中，我们会发现片区内的自然条件优越、自然

① 陈炜.论桂滇黔民族旅游圈的构建［J］.社会科学家，2014（3）：77.

资源与民族文化资源比较丰富，但是资源利用率低，没有形成特色农业发展和旅游业发展，发展缓慢、难以实现脱贫。无论是依靠云南省、贵州省或者是广西壮族自治区以及地方政府单独致力于此地区的扶贫开发工作面临的困难及压力都是很大的，也难以依靠一省之力集合地区资源实现片区的发展。因此，只有加强省级政府以及地方政府的横向合作，发挥资源优势，优化产业布局，壮大产业规模，延伸和扩展产业链条。例如，建立片区内特色农业基地和发展旅游业，将片区内的相近的产业发展县级城市联系起来，形成规模效益，整合片区内的旅游资源，地方政府合力开发，打造精品旅游路线，将沿线县级市联系起来共同发展，获得较大的经济效益。鉴于以上分析，在这种类型的区域合作中地方政府有较为一致的发展利益诉求，合作动力较强，总体上合作风险较小，纵向府际关系治理成本高于横向府际关系治理成本，应选择共建共享型治理模式。

在横向合作为主的模式中，鼓励地方政府间通过府际合作协议、联合投资等成本较低的合作方式为主进行合作。合作中要遵循平等互利的原则，不能因为行政区级别、经济发展程度等的区别而有所不同，而且权力义务要相统一；要遵循整体性原则，滇桂黔是一个系统的地域空间结构综合体，要对地形地貌、民族文化资源等进行一个全面认知，总体规划，不能人为切割；要遵循可持续发展原则，要意识到优质的生态资源具有稀缺性、不可再生性，一旦损毁将直接影响该地未来的社会福祉，是一种极为不负责的态度，产生代际不公平问题，因此，要可持续发展、保护性开发。

然而，生态扶贫建设是一项长期性、系统性的工程，涉及范围也较广，在保障地方政府积极性的情况下，也要做一定程度上实现中央政府权力的纵向嵌入，采取战略规划等方式，以此进一步整合区域内资源，降低地方政府间交易成本，协调各方利益，保证整体公共利益最优化的战略方向。这一分析也符合目前该区域的实践进展。2005 年《中共中央、国务院关于进一步加强民族工作加快少数民族和民族地区经济社会发展的决定》明确指出大力支持民族地区发展，要立足资源优势，将资源优势转化为经济优势，优先发展旅游等优势产业。在 2012 年制定和启动了《桂滇黔喀斯特石漠化防治生态功能区生态保护与建设规划》以及《滇桂黔石漠化片区区域发展与扶贫攻坚规划》均为滇桂黔生态扶贫工作以及推动区域发展提供了指导性意见和建议。

第三节　单建单享型跨区域绿色治理模式：
以新安江流域治理为例

一、新安江的上下游生态与经济概况

新安江发源于安徽省黄山市休宁县，是钱塘江流域的重要源头，流经安徽和浙江两省，主要流经黄山市、宣城市以及杭州市，涉及两省的 10 个市辖区、6 个县和 3 个县级市，流域总面积高达 11 452.53 平方公里。新安江流域面积分布如下（表 7–3）。

表 7–3　新安江流域面积

省	市	流域面积（km²）	比例
安徽省	黄山市	5 856.07	51%
	宣城市	880.76	9%
浙江省	杭州市	4 715.7	41%

新安江上游地区是传统的农业区与新型旅游区。由于处于水源地区，新安江上游的安徽省黄山市和宣城市对流域内生态环境保护、涵养水源和为下游的杭州市提供优质水源的作用和贡献极大，"新安江流域上游地区集水面积 6 440 平方公里，目前森林覆盖率达 77%，为全国平均值（18.2%）的 4 倍以上，新安江水库周边地区的植被覆盖率更是高达 95% 左右。优良的植被状况形成了良好的下垫面，大大提高了涵养水源的能力，从而为下游地区提供了清洁干净的水源。多年来，新安江的水质一直维持在 I ~ III 类的优良水平。2011 年，新安江水系总体水质状况为优，监测的 8 个断面水质皆为 II 类"①。可以说，新安江水质条件直接影响着下游河流和湖泊的水环境容量和水质，直接关系着杭州市的工业用水、城市饮用水安全。但是，应该看到，为了保护流域水质，上游地区失去了很多发展的机会，工业化、城镇化受到影响，经济状况较之下游来说比较落后，也影响到沿途群众生活水平的提高。可以说，上游、下游地区面临的利益诉求是不一样的，上游地区希冀加快经济发

---

① 麻智辉、高玫.跨省流域生态补偿试点研究［J］.企业经济，2013（7）：145–149.

展，加快工业化步伐，解决贫困问题，经济发展与生态环境保护的矛盾较为突出。而下游地区的浙江省杭州市则希望上游能够保持一江春水，确保水质安全。新安江，涉及两方，建设主体为安徽省、受益主体为浙江省，该案例属于典型的单建单享型模式。

二、新安江流域单建单享型模式分析

（一）新安江流域治理合作风险

第一，沟通协调风险。在新安江流域单建单享模式中，涉及上下游的两个省级行政主体，横向合作过程中存在的沟通协调风险是重要考虑因素。新安江流域治理建设主体与受益主体之间沟通协调的畅通是有效推动地方合作的关键因素。上下游省份利益诉求比较明确，上游想寻求发展的机会，而下游更关注水源地生态质量的保障。虽然利益诉求不完全一致，但细致分析无非经济与生态利益诉求的矛盾性，生态质量优良、经济福祉提升，这是两者共同的愿景，倘若能够实现，上下游合作的可能性是非常大的，可以说两地间沟通协调风险相对较小。

第二，利益分配风险。新安江流域治理过程中，上游地区长期处于牺牲自身发展机会保护生态环境，为下游地区提供经济和生态效益，这不利于上游地区的发展。因此，为了进一步改善生态环境，必须明确建设主体和受益主体以及其相应的权利和义务。毫无疑问，受益主体向建设主体进行补偿，是解决新安江流域问题治理的一条可行的方式。具体补偿标准和测算方法可能有待商榷，需要不断完善，但是补偿是一个共识。可以说两地间利益分配风险也相对较小。

第三，监督执行风险。在新安江流域治理中，由于上下游建设方和受益方比较明确、合作的原则也达成共识，双方责任义务界定明晰，因此，监督依据相对确定。对于违反双方协议的行为的处罚措施也包括停止补偿款、社会舆论曝光等，在浙江、安徽两省全方位合作、信任资本较强的背景下，监督执行风险也相对较低。

（二）新安江流域治理模式选择

由于区域合作风险较低，在这种情况下，横向合作成本低于纵向合作成本，因此，应当发挥地方政府横向合作的内生动力，推动地方横向合作。新安江流域治理采取单建单享模式，主要依靠地方政府的横向合作，适当的纵向府际关系嵌入。如果纵向府际关系嵌入过度，部分合作项目需要上级政府的批准，在一定程度上降低了地方政府的自主权，也会导致很多符合上下游地区共同利益的项目无法开展，从而增加了治理成本。反之，纵向政府嵌入不足，新安江流域单建单享治理模式就无法开展，由于涉及地方政府的各自利益，建设主体与受益主体之间的矛盾必然加大，难以达成共识，形成统一的标准。再加上新安江流域的治理具有典型性和代表性，国家选择将其作为跨区域治理的试点，中央政府给予了较多的关注，当然这一些关注并不是直接的，而更多是政策上的探索。

在新安江流域治理中，中央政府的介入主要是生态补偿机制的试点。2012年，在中央直接推动下，安徽、浙江两省开展全国首个跨省域生态补偿试点，首轮试验期为2012—2014年，中央直接每年3亿元，两省各1亿元。两省环保监测人员每月到新安江省界断面提取水样监测，计算P值（补偿指数），决定资金补偿方向和大小，反映污染惩罚和生态补偿。当P值小于等于1时，浙江省的1亿元资金补偿给安徽省，当大于1时，安徽省的1亿元资金给浙江省，而中央的3亿元资金全额拨付给安徽省。试点取得较好的效果。2015年，财政部、（原）环保部下发《关于明确新安江流域上下游横向补偿试点接续支持政策并下达2015年试点补助资金的通知》，继续给予支持，中央财政三年共投入9亿元，两省每年标准提高到2亿元。可以看到，这是典型的横向政府间生态补偿，以水质为协议标准而非水量，有奖有罚，很大程度上引起了两省政府及社会公众对新安江流域生态水质的关注，倒逼工业点源污染防治，倒逼产业转型。经过多年治理，新安江水质持续向好，成为我国水质最好的河流之一，得到了（原）环保部、财政部两部委的高度肯定，成为省份流域上下游横向生态补偿机制建设的范本。①

当然，在生态补偿资金实施方案的具体落实上，依然存在着不少问题。

---

① 李锦斌. 深入学习贯彻习近平生态文明思想 全面认识"新安江模式"的重要价值［J］.中共安徽省委党校学报，2018（5）：105—118.

例如，尚未建立流域内生态补偿长效机制。流域内的水生态环境治理涉及多个利益主体，各个利益主体之间的利益协调是一个长期的任务。新安江试行流域内水环境补偿方案，在具体试行的过程中，存在试行时间过短，没有统筹上下游发展利益链，结合上游产业进行合理的规划发展，制定中、长远规划发展战略。虽然提出了建立流域内市场化的生态补偿机制，按照"使用者和受益者付费"的原则，但是并没有提出流域内生态服务的功能和价值的评估标准，导致引入市场机制的调节难以落到实处。再如，流域内的生态补偿标准偏低。新安江流域的生态补偿资金与新安江上游地区生态投入相比较，补偿标准偏低。根据测算，安徽省在新安江流域内生态投入高达400亿元，所以流域内水环境治理投入与生态补偿标准偏低之间的矛盾凸显。还有，生态流域补偿方式单一。新安江流域水环境生态补偿机制中明确了补偿方式，主要依靠中央财政转移支付和地方财政转移支付的方式，来统筹安排水环境治理的专项资金，具有统筹协调、目标明确、促进基本公共服务均等化的优点，但是补偿方式上仅仅依靠政府这一单一主体，其他主体作用发挥不足，等等。

总体上看，新安江流域上下游建设方和受益方比较明确、合作的原则也达成共识，双方责任义务界定明晰，监督依据相对确定，属于典型的单建单享型治理模式。这种模式的治理要通过府际行政协议、联席会议等方式充分发挥横向机制的作用，当然也要通过政策试点、制度介入等方式适度引入国家权力纵向嵌入。"新安江模式"成为我国跨区域绿色治理、推进生态文明建设的典范。

第四节　单建共享型跨区域绿色治理模式：以青藏高原生态保护为例

一、青藏高原生态保护治理概况

青藏高原位于亚洲大陆中部，西起帕米尔高原，东起横断山脉，北接昆仑山、祁连山，南抵喜马拉雅山，平均海拔在4 000米以上，素有"世界屋脊"和"世界第三极"之称。青藏高原气候环境复杂，生态系统十分脆弱，然而生态价值极高。青藏高原的价值主要有涵养水源、保持水土，是长江、黄河、澜沧江等河流的发源地；保护生物多样性，青藏高原分布着高等植物有 13 000 种、陆栖脊椎动物有 1 047 种；提供碳源/碳汇作用，碳固定大于碳释放，调节了我国其他地区二氧化碳的循环与排放，影响着区域地区和全国气候的变化，构成了我国的生态安全保护屏障。长期以来，西藏自治区与青海省承担了青藏高原生态保护与建设的主要责任。然而，随着经济社会的快速发展、全球气候变暖加之人类活动的影响，目前，青藏高原表现出生态系统稳定性降低、资源生态环境压力变大等一系列问题，生态安全面临严峻的挑战。青藏高原生态环境治理和修复范围广、难度大、任务重、成本高，仅仅依靠青海省、西藏自治区进行治理是难以维系的，青海省、西藏自治区两省每年在生态环境治理上的支出远远高于中央财政转移支付，面临较大的资金缺口，高额的治理成本也给两省财政造成较大的压力。青藏两省区治理环境保护基础设施不足，青藏高原区域城乡环境基础设施相对落后。在一定程度上为了生态安全与保护，牺牲了一定的发展机会，导致西藏、青海与全国其他地区的发展差距拉大，高原区域的生态保护与经济发展的矛盾日益凸显。

应当说，青藏高原地区生态保护是典型的跨区域生态治理问题，青藏高原从事生态保护与建设的直接经济效益损失和全国生态效益增加二者在主体上存在不一致性。长期以来，青海省与西藏自治区及其区域内的地方政府承担主要生态保护与建设的主要责任，但是青藏高原特殊的生态价值，为全国及其他地区提供生态安全屏障的作用，这属于典型的单建共享模式。

二、青藏高原单建共享型模式分析

（一）青藏高原治理合作风险

第一，沟通协调风险。在青藏高原生态保护治理模式中，建设方主要是青海省、西藏自治区，生态效益影响范围广，相关利益者众多，涉及全国各省市。在目前中国的政治行政体制下，每个地方政府通常追求利益的最大化，彼此之间的合作也是共同利益的驱动，青藏两省区面临环保与经济发展的直接矛盾，而其他省份虽然是生态受益方，但由于距离较远、责任不方便界定等原因，容易产生投机主义行为，青藏两省区与其他省份沟通协调的难度极大，存在较高的沟通协调风险。

第二，利益分配风险。在青藏高原生态保护和治理过程中，长期以来依靠青海、西藏两省及区域内的地方政府承担青藏高原生态建设和治理的成本，导致青海、西藏两省及区域内的地方政府为了生态保护和建设，牺牲了自身发展的机会，为全国提供生态增益，也影响了青藏高原地区经济社会的发展。青藏高原生态区在利益分配上存在较高的风险，利益分配难度大。例如，在青藏高原生态保护和建设的基础设施建设成本如何分配给多个治理主体承担、怎么分配、分配多少，都是一个问题。在中国当前的行政体制内，各个地方政府出于地方保护主义，自然不愿意过多地承担生态保护与建设的成本，加上利益补偿核算技术的不成熟，也就增加了利益分配的风险与难度。

第三，监督执行风险。加强青藏高原生态区生态建设与保护措施的监督执行，无疑是青藏高原生态保护区共治共享治理模式有效运作的重要保障。实现对各个机制的监督和提高地方政府的执行力，就要采取多种措施。但是，青藏高原生态保护区的生态建设与保护共治共享模式中，缺乏对地方政府执行效果的监督与评价机制。青藏两省区是无权力对其他省区进行监督的，最后监督的责任只能落在中央政府层面。在此情况下，地方政府容易出现机会主义行为。中央政府主要是通过项目审核、政策激励、加大中央政府财政转移支付等方式，可是具体的推动和执行还是要落实到地方政府上，但是出于利益的驱动，有些地方政府会认为我不执行一样能享受收益，还减少地方政府的执行成本。可见，青藏高原生态治理模式的监督执行成本相对较高。

（二）青藏高原生态治理模式选择

青藏高原建设关系到当地人民生活水平的提高，是西部大开发建设的重要组成部分，发展势在必行。而鉴于青藏高原重要的生态价值，其生态安全对于青藏两省区、对于全国的生态安全以及经济社会的可持续发展都具有十分重要的作用。青藏高原生态区这类单建共享治理模式，涉及多个行政主体，在沟通协调、利益分配、监督执行中存在较高的风险，单靠青海、西藏、区域内地方政府以及其他利益相关主体的横向合作，其交易成本必然高，难以实现青藏高原生态保护和建设的重任，很多生态建设项目也难以落到实处。因此，需要中央政府纵向府际关系的嵌入，在纵向权力嵌入框架下适当开展地方政府横向合作，协调各方利益，整合区域资源，协同青海、西藏两省区共同治理青藏高原生态问题，推动青海、西藏两省区的经济社会全面发展、推动青藏高原生态文明建设。

在青藏高原生态治理中，国家权力的纵向嵌入方式较为多元化。主要有：战略规划方式，2012 年，《全国生态保护与建设规划（2013—2020 年）》，确定了国家层面的生态保护与建设的重要战略区域，青藏高原生态保护屏障便是其中之一。近年，国家高度重视青藏高原区域生态建设与环境保护，并根据《全国主体功能区规划》将青藏高原地区划分为优先开发区域、重点开发区域、限制开发区域以及禁止开发区域。各省区也有自身的建设规划，例如，《青海省生态环境建设规划》《青海省自然保护区发展规划》《青海省生态文明制度建设总体方案》《青海省创建全国生态文明先行区行动方案》等。法律法规方式，还可以通过制定相应的法律法规等规章制度来强制约束和规范各个行政主体的行为，强制相关利益主体承担相应的责任与义务，从而降低青藏高原生态保护区的治理成本，减少青藏高原生态保护的压力。国家层面的《草原法》《森林法》《野生动物保护法》中对青藏高原同样适用，青海、西藏两省区将依法治国方略贯彻到生态环境保护中，加强了各地环境资源法律的制定和法律知识的宣传学习，[1] 例如，《关于着力构筑国家重要生态安全屏障加快推进生态文明建设的实施意见》《关于建设美丽西藏的意见》《西藏自治区环境保护考核办法》《青海省生态文明建设促进条例》等。科研扶持治理方式，国家对青藏两省区的高校给予了政策倾斜，支持其研究高原特有的资源保护和利用、高原自然地理环境演变、资源环境信息系统的综合应用、青藏高原高寒草甸生态系统对环境变化的影响等，建设了青藏高原环境与资源教育部重点实验室等。生态补偿制度方式，主要有重点生态功能区转移支付、森林生态效益补偿、草原生态保护补助奖励、湿地生态效益补偿等生态补偿机制等。"2008—2017 年，中央财政分别下达青海、西藏两省区重点生态功能区转移支付资金 162.89 亿元和 83.49 亿元，补助范围涉及两省区 77 个重点生态县域和所有国家级禁止开发区。"[2] 除此之外，国家积极支持青藏两省区发展绿色产业、生态旅游业、引导绿色生活方式的建立，多管齐下，取得了较好的治理效果。

---

[1]　刘建霞. 青藏高原地区生态保护的法制建设 [J]. 青海师范大学学报（哲学社会科学版），2008（6）：21–24.

[2]　青藏高原生态文明建设状况（2018）.

第五节 共治共享型跨区域绿色治理模式：
以太湖治理为例

一、太湖流域概况

太湖位于长江三角洲的南部，是我国五大淡水湖之一。"太湖横跨江苏、浙江两省，北依无锡，南临湖州，西濒宜兴，东近苏州，在行政上分属于三省一市，是典型的跨流域大湖。太湖流域面积为 36 500 平方公里，湖泊和水域面积均为 2 000 多平方公里。湖内河口众多，主要进出河流现有 50 多条。入湖水道多源自西部山区，出口河道多位于太湖东部。太湖有大小岛屿 50 多个，其中 18 座岛屿有人居住"①。

表 7-4 太湖流域面积分布

省市	流域面积（km^2）	比例
江苏省	19 199	52.6%
浙江省	11 972	32.8%
安徽省	219	0.6%
上海市	5110	14%

水污染治理具有典型的外部性和公共物品属性，由此市场机制难以有效供给。在其治理过程中涉及众多治理的主体和治理范围，这些治理主体之间的关系影响到水污染治理的成效。为此，政府是太湖水污染治理的主要责任主体，在水污染治理中起主导作用。太湖流域作为工业化先发地区，也带来了水域的污染问题。虽然沿岸的两省一市加强了水污染治理力度并且产生了部分成效，但是，事实上并没有从根本上遏制太湖水环境恶化的总体趋势。"1981 年，太湖水域 II 类、III 类、IV 类水面积分别占 69%、30% 和 1%，其中的营养水域面积占 83%，中富营养水域面积占 16.9%。随着太湖流域内经济的快速发展，水污染越来越严重，水环境不断恶化，《2007 年度太湖流域及东南诸河水资源公报》显示：太湖 7.4% 的水域为 IV 类，11.5% 的水域为 V 类，其余均劣于 V 类，占 81.1%。太湖水富养化程度已上升至中度富营养，总氮、

---

① 朱喜群.生态治理的多元协同：太湖流域个案［J］.改革，2017（2）：96-107.

氨氮、总磷、化学需氧量和五日生化需氧量为主要超标项目"①。在2007年蓝藻事件暴发，导致无锡市水源地水质污染，严重影响了近百万群众的正常生活，这次事件可以说是太湖生态系统危机集中暴发的窗口，引起社会各界高度关注，加快了治理进程。在太湖流域水环境治理的过程中，各级政府和有关部门根据太湖流域水环境综合治理涉及的行政区，"确定了综合治理区范围：江苏省的苏州、无锡、常州和镇江4个市共30个县（市、区），浙江省的湖州、嘉兴、杭州3个市共20个县（市、区），上海市青浦区的练塘镇、金泽镇和朱家角镇，总面积3.18万平方公里。又根据饮用水水源地、太湖湖体、入湖河流的污染程度，确定了重点治理区域，范围包括江苏省的22个县（市、区），浙江省的10个县（市、区），上海市的3个镇，面积为1.96万平方公里，占综合治理区域面积61.64%"②。通过划分治理区域，按照两省一市，确定各区域政府之间的治理责任，在治理过程中取得一定的成效，但也存在诸多问题。

太湖生态危机的原因，从深层次上讲包括两个方面：一方面是生产方式的粗放。长期以来，太湖地区是工业化先发地区，粗放型的工业、农业和城市发展对太湖流域的影响深远。另一方面，也与长期以来太湖地区流域治理区域分割和部门阻隔的管理体制紧密关联。③治理太湖任重道远，随着经济社会的发展，太湖又面临着一些新的问题，因此，探讨太湖治理水平、巩固提升治理成效十分有必要。太湖流域治理属于典型的多主体治理、多主体受益情况，即共治共享型模式。

二、太湖流域共治共享型模式分析

（一）太湖流域治理合作风险

第一，沟通协调风险。在太湖跨区域水污染治理模式中，涉及三省一市诸多地方政府，彼此之间的沟通协调成为重要考虑因素，是区域合作风险的重要来源。受制于认知、体制、利益等因素的影响，太湖流域内的行政主体在共同治理太湖水污染的过程中，涉及共同利益协调事物较多，很难保证一

---

① 朱喜群.生态治理的多元协同：太湖流域个案［J］.改革，2017（2）：96-107.

② 《太湖流域水环境综合治理总体方案》（2013）.

③ 陶希东.中国跨界区域管理：理论与实践探索［M］.上海：上海社会科学院出版社，2010：29.

些地方政府为了维护自身区域内的利益，做出损害区域整体利益的行为，为了实现区域生态环境整体利益的最大化，这必然会产生大量的沟通协调成本。再加上各地政府间治理技术标准的不一致，也会加大沟通协调风险。江苏省、浙江省、上海市是太湖流域水环境保护和水污染治理的主要责任主体，但三省市曾经分别制定了各自的治理规则和制度，导致了在太湖流域水污染治理过程中出现了不同的治理标准。此外，政府各部门间职能交叉和重叠现象，也造成沟通协调成本的提高。新《水法》规定，水务行政部门要对水功能区的水质状况进行定期监测，向环境保护行政部门进行情况通报，在这里我们可以认为水务行政部门是水质监测的主导部门；而《水污染防治法》则规定，"国务院环境保护主管部门负责统一发布国家水环境信息，会同国务院水行政等部门组织监测网络"①。在这里，我们认为是国务院环境保护主管部门也就是生态环境部是水质监测的主导部门。可以看出，水利部门和生态环境部，到底谁在水质信息监测上起主导作用，两个成文法律并没有给予明确的界定，过去还曾经出现过两部门水质信息发布上的冲突现象。总体上，该生态区域各方利益沟通协调难度很大。

第二，利益分配风险。环太湖地区各地方政府之间处于平行关系。在太湖跨区域水污染治理中，地方政府之间的横向合作都是靠共同利益驱动的，其中利益分配是其实现区域合作的重要因素，尤其是共同利益的分配。在目前政治与行政体系下，地方政府的行为逻辑往往会考虑本地区的利益，据此作出对自己最为有利的抉择。因此，协调彼此间的共同利益，才能有效避免因某些利益相关者未能参与而导致的不公平和无效方案的出台。总体上，太湖流域利益分配风险较大。

第三，监督执行风险。前面提到，太湖流域涉及的主体众多，在生态环境保护、经济发展的双重逻辑下，各地方政府之间沟通协调成本高、利益分配风险也较高，地方政府更青睐于做出对自己最为有利的决策，地方政府之间自发合作的可能性和效果都是较低的，"搭便车"等机会主义行为会不断出现，监督执行风险是较大的。

---

① 《中华人民共和国水污染防治法》(2017).

（二）太湖流域生态治理模式选择

太湖流域涉及多个行政主体，各地方政府间面临着相同的治理任务、享受着不可分割的生态收益，在合作过程中处于基本平等和相互依赖的地位。利益沟通协调难度很大，利益分配难度也高，机会主义问题严重，单靠区域内地方政府以及其他利益相关主体的横向合作，难以实现生态保护和建设的重任，很多生态建设项目也难以落到实处。因此，应该强调成本更低的国家权力纵向机制的嵌入，采取恰当的方式，这样才能够在一定程度上降低地方政府横向合作的成本，保障横向政府间合作发挥作用，解决集体行动的困境问题。事实上，太湖地区治理的经历也正验证了这一理论假设的正确性。我国自 1991 年开始启动第一期太湖治理工程，投资超过百亿。其中，1998 年底的"聚焦太湖零点达标"行动声势浩大，然而效果有限，究其原因在于分散治湖体制，各地方政府间、各政府部门间"规划打架""踢皮球"等现象频出，事实上证明分散管理阶段的太湖治理并不成功。①在此背景下，太湖治理走向协调化管理阶段，超越"九龙治水"模式，强调国家权力的嵌入、建立有效的跨界协调制度。

在太湖流域国家权力嵌入中，组织结构设置、宏观战略规划、法律法规等是较为恰当的有效的方式，权威性较高，效果较好，而这些方式手段是地方政府无法达成的。

其一，组织结构设置上（图 7-1），国务院及相关部门纵览全局，负责太湖流域宏观战略规划、重大工程项目的审议等；往下一个层级是太湖管理局，其成立于 1984 年，隶属于水利部，主要负责太湖流域的综合治理利用和开发；太湖管理局下属机构即太湖流域水资源保护局，负责整个太湖水资源保护和水污染防治工作。太湖渔业管理委员会，隶属于江苏省，专属渔业养殖管理。但是任何组织结构都不是尽善尽美的。作为水利部下属部门，太湖管理局应该是厅局级单位，与各地级市政府平级，然而事实上它只是一个事业单位，治理权力严重受限。此外，太湖管理局与各地方政府间还存在权力冲突的问题。因为太湖管理局的职责之一是组织、指导各地方政府进行地方水环境立法，但是对于各地方而言，立法权掌握在地方人大手中，显然关于太湖管理局的这一规定执行效果不力。由于太湖管理局体制与各地方政府间管理体制、

① 黄文钰，等.太湖流域"零点"行动的环境效果分析［J］.湖泊科学，2002（1）：67-71.

机制的问题，导致在进行太湖执法时，争利行为或推诿行为层出不穷。在各省份内部，都是实行科层管理机制，将生态治理的目标和责任层层分解，上级政府负责组织指导、监督考核，《太湖流域管理条例》《江苏省太湖水污染防治条例》均作出了明确的规定。而为解决当前太湖治理中"九龙治水"的分割式治理结构问题，国家发展改革委员会会同13个国务院有关部门和江苏省、浙江省、上海市组成太湖流域水环境综合治理省部级联席会议，推动了部门、地方之间的沟通与协作（表7-5）。各省市也都成立了由省长或主管副省（市）长挂帅的太湖水污染防治委员会（领导小组），给予了高度关注。江苏省成立的太湖治理办公室，负责分解治理任务，指导协调、联络宣传和检查考核相关工作。"河长制"的创建进一步促进了治理目标的实现。可见，省部级联席会议制度为太湖治理奠定了良好的组织基础。

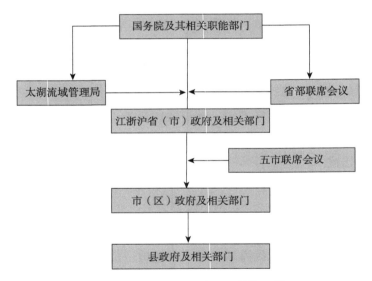

图7-1　太湖流域治理中组织结构设置图

表7-5　太湖流域水环境综合治理省部级联席会议的主体构成

会议构成	参与主题具体情况（共16个单位）
召集者	国家发展和改革委员会
中央政府参与者	发展改革委、科技部、工业和信息化部、财政部、（原）国土资源部、（原）环境保护部、住房和城乡建设部、交通运输部、水利部、（原）农业部、林业局、法制办、气象局（13个）
地方政府参与者	江苏、浙江、上海市政府（3个）

其二，在宏观战略方式方面，2007 年太湖水藻污染发生后，党中央国务院高度重视，发改委会同有关方面出台了《太湖流域水环境综合治理总体方案》，并于 2008 年 5 月由国务院审议通过正式实施。为保障治理工作顺应新的发展要求，发改委又会同有关方面技术力量于 2013 年制定了修订版，成为未来一个时期指导太湖流域水环境综合治理的行动纲领和基本依据。

其三，在法律法规方式上，严格的法规标准为太湖治理提供了坚强的法律保障。1996 年、2002 年修订通过《水污染防治法》和《水法》，成为太湖流域的管理纲领性文件。2006 年出台《关于落实科学发展观加强环境保护的决定》。2008 年出台《国务院关于进一步推进长江三角洲地区改革开放和经济社会发展的指导意见》。2009 年发布《国务院办公厅关于转发（原）环境保护部等部门重点流域水污染防治专项规划实施情况考核暂行办法的通知》。2011 年，国家针对太湖治理工作专门出台了我国首部流域综合性行政法规——《太湖流域管理条例》，明确了太湖流域管理应当遵循的原则、太湖流域管理机构和地方人民政府及相关部门的职责和重点的治理措施。2010 年国务院通过了《太湖管理条例》，是全部首个跨行政区域的流域性立法，引起社会热议。同年批复了《太湖流域水功能区划》，水功能区管理得到进一步加强。同时各地加大了地方立法和标准规范的制定，颁布实施了一系列专门法规和严格的规范标准：江苏省出台了《江苏省太湖流域水污染防治条例》《江苏省污水集中处理设施环境保护监督管理办法》《江苏省太湖流域主要水污染物排污权交易管理暂行办法》；浙江省出台了《浙江省跨行政区域河流交接断面水质管理考核办法》《浙江省重点流域水污染防治专项规划实施情况考核办法》《浙江省城镇污水集中处理管理办法》；上海市出台了《上海市饮用水水源保护条例》，修订了《上海市排水管理条例》，这些法律法规的出台将太湖治理逐步推向法制化轨道。[①]在国家权力纵向嵌入机制影响下，逐步形成了一系列好的运行机制和经验，例如，构建了国家、省市、地市、县市、乡镇"五级"协同联动机制；"政府引导，地方为主，市场运作，社会参与"的多元化投融资机制以及水资源、环境资源的市场化配置，为太湖治理资金需求开辟了重要渠道，等等。[②]可以说，太湖流域经济发达，行政区域复杂，地方

---

① 《太湖流域水环境综合治理总体方案》（2013）.

② 同①。

政府间合作风险大，太湖水污染的治理探索过程和成果能为其他地区此类情况提供宝贵的经验。

第六节　本章小结

在我国现行政府体制环境下，首先要界定清楚跨区域绿色治理的具体类型，在此基础上制定有区别的介入方式，选择恰当的时机、程度与方式，协调上级权力意志与下级政府自主性，这样才能发挥出府际协调的最大化效果。根据建设主体、受益范围以及增益情况等标准，可以将跨区域环境治理合作归纳为共建共享型、单建单享型、单建共享型、共治共享型四种类型。本部分分别选取了滇桂黔生态贫困区治理、新安江流域治理、青藏高原生态区治理以及太湖流域治理作为个案，寻找各类型治理的难点、重点、风险及其防范进行分析，进行理论假设验证，同时，提出了针对不同类型行政区域国家权力纵向嵌入的可操作政策建议。

第八章　结论与展望

府际关系对于推动跨区域绿色治理实践进展、加快跨区域环境共同体的生成具有十分重要的作用，其包括地方政府间的横向合作机制和国家权力的纵向作用机制。在单一制政体下，后者往往发挥刚性规制作用，不容忽视。本课题从公共管理学视角切入，以地方政府间绿色治理府际合作尤其是省级政府间合作为研究对象，探究国家权力纵向嵌入的时机、程度、方式及差异化实现路径，以期提出恰适治理模式与区域差异化的实现路径，为区域环境共同体的生成提供有参考意义和应用价值的对策措施。行文至此，结论如下：

第一，依据马克思主义政府职能与权力配置思想、西方公共行政组织理论、交易成本理论及协同发展学说，构建了跨区域绿色治理府际合作中国家权力纵向嵌入的分析框架，即"嵌入前提—嵌入行为—嵌入保障—嵌入结果"。嵌入前提解决的是科学划分与配置政府行政权力问题，嵌入行为解决纵向权力嵌入的时机、程度、方式问题，嵌入保障则致力于为纵向权力嵌入提供一个良好的外部条件，嵌入结果则是前三者综合作用所导致的，符合科学合理的考核标准的嵌入结果是嵌入机制的目标追求。嵌入前提、嵌入行为、嵌入保障、嵌入结果四者之间相互依赖、密切联系，共同推进区域环境利益共同体的生成。

第二，当前我国跨区域绿色治理府际合作并未达到预期理想的效果，其原因是多方面的。鉴于国家权力在跨区域绿色治理当中的地位，其自身的问题是治理绩效不理想的重要原因。在嵌入前提方面，问题主要体现在中央地方政府关系、地方政府间关系、政府部门间关系以及政府市场社会关系四个方面。在嵌入行为方面，嵌入时机、程度与国家宏观战略协调度有待提高；嵌入时机偏重事后，事前、事中嵌入较少；嵌入程度不合理，过度嵌入与嵌入不足并存；中央政府嵌入程度具有变动性，缺乏稳定性；嵌入方式也存在诸多问题。在嵌入保障方面，其问题主要反映在法律依据、组织结构、能力匹配、动力整合、激励约束、信息支撑等领域。

第三，根据跨区域绿色治理中国家权力嵌入的问题，提出解决方案。其一，在嵌入前提方面，界定中央政府与地方政府绿色治理职责，主流的思路是"影响范围原则",实现中央权威性与地方政府灵活性有机统一下的动态平衡状态。跨行政区府际合作治理责任分担机制的内容应包括:明确区域性生态环境污染防治目标责任,明确其治理责任应当由全部的利益相关主体共同承担以及根据各主体认可的规则及实际参与状况,科学划分各主体的责任,并通过"责任共担、任务界分、成本分担"操作机制予以落实。针对我国政府部门间绿色治理职责方面的羁绊,要强化环境保护部门职能,逐步推进环境体制改革。政府、企业、社会公众绿色治理责任边界上,政府绿色治理责任的确定应当遵循环境公共产品效用最大化原则,通常采用行政手段、法律手段、宣传教育手段、技术手段以及经济手段等。企业遵循"污染者付费原则、投资者受益原则",采用技术手段、经济手段、法律手段。社会公众遵循"污染者付费原则、使用者付费原则"。此外,要特别关注随着经济社会发展而新生的绿色治理事权以及边界不明确的事权。只有界定清楚事权,才可能发挥多元协同作用。其二,嵌入行为方面,在确定国家权力纵向嵌入的时机与程度时,应遵循交易成本最小化原则:当跨区域绿色治理合作风险较低时,宜充分发挥横向府际关系协调机制作用,慎用纵向府际关系协调;当跨区域绿色治理合作风险较高时,宜基于不同跨区域合作类型有针对性地提高纵向府际关系协调介入的程度;当区域间差异化程度较高时,宜采用纵向府际关系协调方式;重要环境资源所有权与管辖权集中化与绿色治理政治权力分散化并存现状也促使纵向府际关系协调方式的介入。在当前我国政治与行政体系下,跨区域绿色治理中纵向府际关系协同中所涉及的嵌入方式主要有:宏观战略规划方式、项目评估审核方式、法律法规规章方式、制度介入刺激方式、联席会议方式、政治动员方式、干部任命制度、非正式制度方式等。政策工具的组合,应当遵循绿色发展理念,兼顾效率与公平,充分考虑时机,追求政策工具互补性,力求实现 1+1 > 2 的效果。其三,在嵌入保障方面,需要完善治理系统工程,包括:健全跨区域绿色治理法律保障体系、建立多层次跨区域绿色治理组织结构、推进跨区域绿色治理能力匹配与平衡化、畅通跨区域绿色治理利益表达与协调机制、优化跨区域绿色治理多元主体参与机制、强化跨区域绿色治理激励约束机制、搭建跨区域绿色治理信息共享平台。

　　第四,在我国现行政府体制环境下,首先要界定清楚跨区域绿色治理的具体类型,在此基础上制定有区别的介入方式,选择恰当的时机、程度与方式，协调上级权力意志与下级政府自主性，这样才能发挥出府际协调的最大化效果。根据建设主体、受益范围以及增益情况等标准，可以将跨区域环境治理合作归纳为共建共享型、单建单享型、单建共享型、共治共享型四种类型。共建共享型区域环境治理合作类型主要解决绿色贫困问题，此类合作中，区域内的各地方政府之间往往具有较大的共同利益，合作动力较强、主动性和自发性较强，以此推动治理要素的流动而进行合作，总体上风险值较低，应主要通过行政协议、联合投资等横向府际关系协调为主进行合作。单建单享型区域合作面临着利益沟通与协调、监督执行等风险，此时，纵向府际关系应通过项目评估、项目监督等方式调动地方政府横向协调的主动性和积极性。单建共享型区域合作涉及主体众多，为"一对多模式"，利益协调风险极大，很容易产生机会主义问题，适宜采用纵向嵌入式治理机制，使环境的外部性问题得以内部化。共治共享型区域合作类的区域绿色治理合作主要针对的是环境污染问题、环境隐患问题、生态退化等问题。这种类型合作中，涉及主体较多，每个主体都可能是绿色问题的制造者、治理者、受益者，多重角色于一身。它们之间存在利益冲突，机会主义行为也会频频出现，总体上合作风险是很大的。因此，仅仅通过地方政府间横向府际协同是难以奏效的，此时应当主要依赖国家权力的纵向嵌入这一成本相对低、效果相对好的方式介入，涉及的具体政策工具包括宏观战略规划、法律法规规章、组织设置等。

本研究充分坚持了马克思主义的立场、观点和方法，致力于理论服务于现实。研究主题上有较强的创新性，构建了跨区域绿色治理府际合作国家权力纵向嵌入的分析框架，并予以针对性研究。然而，由于研究问题本身的复杂性、笔者自身学识等原因所限，本研究还存在不少问题。例如，在研究方法上，由于资料获取方面的阻力和困难，课题研究时更多采用了规范分析为主的方式，致力于为政府官员给出不同的政策途径选择，实证方法运用困难；政治领域"关系""面子""熟人""人情""圈子"等非正式协调软力量研究的不足，等等。相信通过更加具有针对性的研究、更加多元化的研究方法，该项研究能够取得更进一步的成果。

参考文献

经典文献类：

［1］马克思恩格斯全集：第 25 卷［M］.北京：人民出版社，1974.

［2］马克思恩格斯全集：第 46 卷［M］.北京：人民出版社，1995

［3］马克思恩格斯全集：第 3 卷［M］.北京：人民出版社，1995.

［4］马克思恩格斯全集：第 21 卷［M］.北京：人民出版社，1965.

［5］马克思恩格斯全集：第 7 卷［M］.北京：人民出版社，1959.

［6］马克思恩格斯全集：第 4 卷［M］.北京：人民出版社，1958.

［7］马克思恩格斯全集：第 41 卷［M］.北京：人民出版社，1982.

［8］马克思恩格斯选集：第 4 卷［M］.北京：人民出版社，1995.

［9］马克思恩格斯选集：第 1 卷［M］.北京：人民出版社，1995.

［10］马克思恩格斯选集：第 2 卷［M］.北京：人民出版社，1972.

［11］马克思恩格斯文选：第 2 卷［M］.北京：人民出版社，1963.

［12］马克思恩格斯列宁斯大林论社会主义［M］.北京：人民出版社，1958.

［13］列宁全集：第 34 卷［M］.北京：人民出版社，1985.

［14］毛泽东选集：第 5 卷［M］.北京：人民出版社，1977.

［15］邓小平文选：第 2 卷［M］.北京：人民出版社，329.

［16］邓小平文选：第 3 卷［M］.北京：人民出版社，160.

［17］《四川省饮用水水源保护管理条例》（2011）.

［18］《2017 年中国生态环境状况公报》（2017）.

［19］《中共中央关于全面深化改革若干重大问题的决定》（2013）.

［20］《中华人民共和国宪法》（2018）.

［21］《中华人民共和国大气污染防治法》（1995）.

［22］《中华人民共和国草原法》（2002）.

［23］《中华人民共和国环境保护法》（2014）.

［24］《中共中央关于构建社会主义和谐社会若干重大问题的决定》（2006）.

［25］《桂滇黔喀斯特石漠化防治生态功能区生态保护与建设规划》（2012）.

［26］《青藏高原生态文明建设状况》（2018）.

［27］《太湖流域水环境综合治理总体方案》（2013）.

著作类：

[1] 欧阳帆.中国环境跨域治理研究［M］.北京：首都师范大学出版社，2014.

[2] 陈瑞莲.区域公共管理理论与实践研究［M］.北京：中国社会科学出版社，2008.

[3] 邓玲，等.我国生态文明发展战略及其区域实现研究［M］.北京：人民出版社，2014.

[4] 林尚立.国内政府间关系［M］.杭州：浙江人民出版社，1998

[5] 辛向阳.大国诸侯：中国中央与地方关系之结［M］.北京：中国社会出版社，1995.

[6] 罗新璋.巴黎公社公告集［M］.上海：上海人民出版社，1978.

[7] 唐铁汉.中国公共管理的重大理论与实践创新［M］.北京：北京大学出版社，2007.

[8] 石佑启、陈咏梅.法治视野下行政权力合理配置研究［M］.北京：人民出版社，2016.

[9] 陈振明.政策科学——公共政策分析导论（第二版）［M］.北京：中国人民大学出版社，2003.

[10] 本书编写组.党的十九大报告学习辅导百问［M］.北京：党建读物出版社，2017.

[11] 张紧跟.当代中国地方政府间横向关系协调研究［M］.北京：中国社会科学出版社，2006

[12] 孙柏英.当代地方治理——面向21世纪的挑战［M］.北京：中国人民大学出版社，2004.

[13] 胡佳.区域绿色治理中的地方政府协作研究［M］.北京：人民出版社，2015.

[14] 余敏江、黄建洪.区域绿色治理中的地方政府协作研究［M］.北京：人民出版社，2015.

[15] 周振超.当代中国政府"条块关系"研究［M］.天津：天津人民出版社，2008.

[16] 方雷.地方政府学概论［M］.北京：中国人民大学出版社，2015.

[17] 韩德培.环境保护法教程［M］.北京：法律出版社，2007.

[18] 胡军、覃成林.中国区域协调发展机制体系研究［M］.北京：中国社会科学出版社，2014.

[19] 杨洪刚.中国环境政策工具的实施效果与优化选择［M］.上海：复旦大学出版社，2011.

[20] 苏斯彬.竞争性行政区经济与区域合作模式重构［M］.杭州：浙江大学出版社，2016.

[21] 侯永志、张永生、刘培林.区域协调发展：机制与政策［M］.北京：中国发展出版社，2016.

[22] 陈瑞联，等.区域公共管理理论与实践研究［M］.北京：中国社会科学出版社，2008.

[23] 曹东.中国工业污染经济学［M］.北京：中国环境科学出版社，1999.

[24] 王全宏、李燕凌.公共政策行为［M］.北京：中国国际广播出版社，2002.

[25] 戴胜利.生态文明共建共享研究［M］.北京：科学出版社，2015.

[26] 谢庆奎.中国地方政府体制概论［M］.北京：中央广播电视出版社，1998.

[27] 李荣娟.当代中国跨省区域联合与公共治理研究［M］.北京：中国社会科学出版社，2014.

［28］余敏江、黄建洪.生态区域治理中中央与地方府际间协调研究［M］.广州：广东人民出版社，2011.

［29］陈庆云.公共政策分析［M］.北京：北京大学出版社，2009.

［30］陶希东.中国跨界区域管理：理论与实践探索［M］.上海：上海社会科学院出版社，2010.

［31］连玉明，等.中国国策报告（2009-2010）［M］.北京：中国时代经济出版社，2010.

［32］王雨辰.走进生态文明［M］.武汉：湖北人民出版社，2011.

［33］刘传江、王婧.生态文明的产业发展［M］.北京：中国财政经济出版社，2010.

［34］崔凤、唐国建.环境社会学［M］.北京：北京师范大学出版社，2010.

［35］蔡晓明.生态系统生态学［M］.北京：科学出版社，2000.

［36］严耕、杨志华.生态文明的理论与系统建构［M］.北京：中央编译出版社，2009.

［37］刘湘溶.我国生态文明发展战略研究［M］.北京：人民出版社，2012.

［38］杜秀娟.马克思主义生态哲学思想历史发展研究［M］.北京：北京师范大学出版社，2011.

［39］刘增惠.马克思主义生态思想及实践研究［M］.北京：北京师范大学出版社，2010.

［40］钱俊生、余谋昌.生态哲学［M］.北京：中共中央党校出版社，2004.

［41］何爱国.当代中国生态文明之路［M］.北京：科学出版社，2012.

［42］宋健.向环境污染宣战（增订版）［M］.北京：中国环境科学出版社，2010.

［43］王立.中国环境法的新视角［M］.北京：中国检察出版社，2003.

［44］周训芳、吴晓芙.生态文明视野中的环境管理模式研究［M］.北京：科学出版社，2011.

［45］王立.中国环境法的新视角［M］.北京：中国检察出版社，2003.

［46］夏光、周新，等.中日环境政策比较研究［M］.北京：中国环境科学出版社，1999.

［47］曲格平.曲之探索：中国环境保护方略［M］.北京：中国环境科学出版社，2010.

［48］丘昌泰.公共政策：当代政策科学理论之研究［M］.台北：台湾巨流图书公司，1995.

［49］韩德培.环境保护法教程［M］.北京：法律出版社，2007.

［50］蔡守秋.环境资源法教程［M］.北京：高等教育出版社，2004.

［51］韩德培、陈汉光.环境保护法教程［M］.北京：法律出版社，2003.

［52］金瑞林.中国环境法［M］.北京：法律出版社，1993.

［53］梅雪芹.环境史学与环境问题［M］.北京：人民出版社，2004.

［54］唐小平、黄桂林等.生态文明建设规划：理论、方法与案例［M］.北京：科学出版社，2012.

［55］中国科学院可持续发展战略研究组.2013中国可持续发展战略报告——未来10年的生态文明之路［M］.北京：科学出版社，2013.

［56］肖金成、欧阳慧，等.优化我国国土空间开发格局的基本思路［M］.北京：社会科学文献出版社，2012.

［57］孙道进.马克思主义环境哲学研究［M］.北京：人民出版社，2008.

［58］薛国林.绿色传播与生态文明［M］.广州：暨南大学出版社，2011.

［59］黄娟.生态经济协调发展思想研究［M］.北京：中国社会科学出版社，2008.

［60］叶知年.生态文明构建与物权制度变革［M］.北京：知识产权出版社，2010.

［61］姚燕、李东方.生态文明：从理论到行动［M］.北京：中共党史出版社，2012.

［62］赵建军.如何实现美丽中国梦［M］.北京：知识产权出版社，2013.

［63］于晓雷.中国特色社会主义生态文明建设［M］.北京：中共中央党校出版社，2013.

［64］王宏斌.生态文明与社会主义［M］.北京：中央编译出版社，2011.

期刊、论文集类：

［1］邹波、刘学敏、王沁.关注绿色贫困：贫困问题研究新视角［J］.中国发展，2012（8）.

［2］俞可平.治理与善治引论［J］.马克思主义与现实，1999（5）.

［3］苑琳、崔煊岳.政府绿色治理创新：内涵、形势与战略选择［J］.中国行政管理，2016
（11）.

［4］刘祖云.政府间关系：合作博弈与府际治理［J］.学海，2007（1）.

［5］杨龙.地方政府合作的动力、进程与机制［J］.中国行政管理，2008（7）.

［6］张艳娥.嵌入式整合：执政党引导乡村社会自治良性发展的整合机制分析［J］.湖北社
会科学，2011（6）.

［7］刘鹏、孙燕茹.走向嵌入型监管：当代中国政府社会组织管理体制的新观察［J］.经济
社会体制比较，2011（4）.

［8］徐选国.嵌入性治理：城市社区治理机制创新的一个分析框架［J］.社会工作，2015
（5）.

［9］何艳玲.嵌入式自治：国家—地方互嵌关系下的地方治理［J］.武汉大学学报（哲学社
会科学版），2009（4）.

［10］曾峻.马克思恩格斯公共管理思想研究［J］.上海师范大学学报（哲学社会科学版），
2012（7）.

［11］唐铁汉.马克思主义公共管理思想原论［J］.新视野，2005（5）.

［12］邢华.我国区域合作治理困境与纵向嵌入式治理机制选择［J］.政治学研究，2014
（5）.

［13］张雪.雾霾污染防治中府际协作碎片化困境与整体性策略［J］.湖南社会科学，2016
（6）.

［14］杨龙.府际关系调整在国家治理中的作用［J］.南开学报（哲学社会科学版），2015
（6）.

［15］宣晓伟.中央地方关系的调整与区域协同发展的推进［J］，区域经济评论，2017
（06）.

［16］柴发合、云雅如、王淑兰.关于我国落实区域大气联防联控机制的深度思考［J］.环

境与可持续发展，2013（4）.

［17］高桂林、陈云俊.评析新《大气污染防治法》中的联防联控制度［J］.环境保护，2015（18）.

［18］王曦、邓旸.从"统一监督管理"到"综合协调"——《中华人民共和国环境保护法》第7条评析［J］.吉林大学社会科学学报，2011（6）.

［19］赵美珍.长三角区域绿色治理主体的利益共容与协同［J］.南通大学学报，2016（2）.

［20］朱旭峰、吴冠生.中国特色的央地关系：演变与特点［J］.治理研究，2018（02）.

［21］杨展里等.中国地方环境执政能力建设的问题与对策［J］.环境科学研究，2006（19）.

［22］张维迎.让沟通无限——电子政务中的互联互通［J］.信息化建设，2004（4）.

［23］余敏江.论城市生态象征性治理的形成机理［J］.苏州大学学报（社会科学版），2011（3）.

［24］苏明、刘军民.科学合理划分政府间环境事权与财权［J］.环境经济，2010（7）.

［25］张紧跟、唐玉亮.流域治理中的政府间环境协作机制研究［J］.公共管理学报，2007（3）.

［26］陈炜.论桂滇黔民族旅游圈的构建［J］.社会科学家，2014（3）.

［27］李锦斌.深入学习贯彻习近平生态文明思想 全面认识"新安江模式"的重要价值［J］.中共安徽省委党校学报，2018（5）.

［28］李杰、王俊.对专项转移支付问题的思考［J］.魅力中国，2010（17）：89.

［29］刘建霞.青藏高原地区生态保护的法制建设［J］.青海师范大学学报（哲学社会科学版），2008（6）.

［30］黄文钰等.太湖流域"零点"行动的环境效果分析［J］.湖泊科学，2002（1）.

［31］李瑞昌.理顺我国环境治理网络的府际关系［J］.广东行政学院学报，2008（12）.

［32］麻智辉、高玫.跨省流域生态补偿试点研究［J］.企业经济，2013（7）：145–149.

［33］朱喜群.生态治理的多元协同：太湖流域个案［J］.改革，2017（2）：96–107.

［34］杨龙、刘建军.环境治理中的府际合作逻辑［J］.中国环境管理，2012（3）.

［35］乔丽霞、王斌、张琪.基于基尼系数对中国区域环境公平的研究［J］.统计与决策，2016（8）.

［36］陈洁、袁苏跃.企业的"绿色革命"浅议［J］.云南环境科学，2004（1）.

［37］河北省发展改革委宏观经济研究所课题组.解决环京津地带贫困与生态问题研究［J］.宏观经济研究，2004（1）.

［38］俞可平.科学发展观与生态文明［J］.马克思主义与现实，2005（4）.

［39］高长江.生态文明：21世纪文明发展观的新维度［J］.长白学刊，2000（1）.

［40］刘智峰、黄雪松.建设生态文明与城乡社会协调发展［J］.池州师专学报，2005（6）.

［41］杜秀娟.论生态视野中的马克思主义中国化的理论成果［J］.鞍山师范学院学报，2010（3）.

［42］荣开明.党的十六大以来的生态文明建设思想［J］.江汉论坛，2000（1）.

［43］胡倩、董大为.广西生态文明建设指标体系研究［J］.市场论坛，2012（7）.

［44］吴守蓉、王华荣.生态文明建设驱动机制研究［J］.中国行政管理，2008（9）.

［45］张军驰、樊志民.西部生态环境治理的路径选择——以生态文明为视角［J］.绿叶，2011（1）.

［46］王彬彬.论生态文明的实施机制［J］.四川大学学报（哲学社会科学版），2012（2）.

［47］崔建霞.马克思生态思想的历史辩证法解读［J］.浙江社会科学，2011（2）.

［48］李富君.马克思的生态观发展轨迹初探［J］.河南社会科学，2004（3）.

［49］许俊达、何峻.马恩的生态文明思想及其启迪［J］.安徽大学学报，2012（3）.

［50］林庆.云南少数民族生态文化与生态文明建设［J］.云南民族大学学报（哲学社会科学版），2008（9）.

［51］魏廷玲.三峡工程的提出与决策［J］.百年潮，2009（11）.

［52］张惠远.我国环境功能区划框架体系的初步构想［J］.环境保护，2009（2）.

［53］孙佑海.改革开放以来我国环境立法的基本经验和存在的问题［J］.中国地质大学学报（社会科学版），2008（4）.

［54］徐田江.建立健全生态补偿机制：实践、问题和建议［J］.陕西发展和改革，2011（3）.

［55］金陪.中国工业化60年的经验与启示［J］.求是，2009（18）.

［56］包双叶.当前中国社会转型条件下的生态文明研究［J］.华东师范大学学报，2012（5）.

［57］秦书生.我国企业生态文明建设的困境与对策分析［J］.沿海企业与科技，2008（10）.

［58］刘曙光、毛建群.经济发展方式转变中的政府因素［J］.山东行政学院、山东省经济管理干部学院学报，2009（4）.

［59］马永庆.生态文明建设中的以人为本原则［J］.山东师范大学学报（人文社会科版），2011（6）.

［60］赵冬初.生态文明建设的基本原则和路径选择［J］.湖南大学学报（社会科学版），2008（2）.

［61］陈家刚.生态文明与协商民主［J］.当代世界与社会主义，2006（2）.

［62］张雪.转型期政府环境信息公开动力机制探析——以"PM2.5监测入国标"事件为例［J］.城市发展研究，2012（9）.

［63］田克勤.当代中国生态文明与马克思主义［A］.李惠斌、薛晓源、王治河.生态文明与马克思主义［C］.北京：中央编译出版社，2008.

报纸类：

［1］谢良兵.环保总局升格为环境保护部：环保"扩权"的背后［N］.中国新闻周刊，2008-03-21.

［2］欧阳志云.我国生态系统面临的问题及变化趋势［N］.中国科学报，2017-07-24.

中文译著及外文类:

［1］［美］詹姆斯·罗西瑙.没有政府的治理［M］.南昌：江西人民出版社，2001.

［2］［美］埃里克·弗鲁博顿、［德］鲁道夫·芮切特.新制度经济学——一个交易费用分析范式［M］.姜建强、罗长远，译.上海：上海三联书店，2006.

［3］［美］乔尔·布利克、戴维·厄恩斯特.协作型竞争·前沿［M］.北京：中国大百科全书出版社，1998.

［4］［德］克劳司斯·冯·柏伊姆.当代政治理论［M］.李黎，译.北京：商务印书馆，1990.

［5］［美］阿尔蒙德.比较政治学：体系、过程和政策［M］.曹沛霖，译.上海：上海译文出版社，1987.

［6］［美］西里尔·E.布莱克，等.日本和俄国的现代化［M］.北京：商务印书馆，1992.

［7］［美］埃莉诺·奥斯特罗姆.公共事务的治理之道［M］.余迅达、陈旭东，译.上海：上海三联书店，2000.

［8］［美］安东尼·唐斯.官僚制内幕［M］.郭小聪，译.北京：中国人民大学出版社，2006.

［9］［瑞士］皮埃尔·德.塞纳可伦斯.治理与国际调节机制的危机［J］.国际社会科学（中文版），1999（1）.

［10］［美］罗伯特·阿格拉诺夫.协作性公共管理：地方政府新战略［M］.北京：北京大学出版社，2007.

［11］GranovetterMark，Economic Action and Social Structure：the Problem of Embeddedness［J］，American Journal of Sociology，Vol91，No3，1985.

［12］D. Perper. Ecological Socialism：From Depth Ecology to Socialism［M］. London：Routledge，1993.

［13］Brown L.R. Who Will Feed China？［M］.New York：World Watch Institute，1994.

［14］Donald Worster，Natur'Economy：A History of Ecological Ideals［M］.2nded. Cambridge：Cambridge University press，1994.

［15］Rennir Grundamn，Marxism and Ecology［M］.Oxford：Oxford press，1991.

［16］Paul Kennedy，Preparing for the Twenty-First Century，New York：Random House，1993.

［17］Lorraine Elliott，Global Politics of the Environment，Washington Square：New York University Press，1998.

［18］Martin V Melosi. Effluent America：cities，industry，energy and the environment. Pittsburgh：University of Pittsburgh Press，2001.

图书在版编目（CIP）数据

跨区域绿色治理府际合作中国家权力纵向嵌入机制研
究／张雪著． —— 北京：经济日报出版社，2021.9
ISBN 978 - 7 - 5196 - 0943 - 6

Ⅰ．①跨… Ⅱ．①张… Ⅲ．①区域生态环境 - 环境综
合整治 - 研究 - 中国 Ⅳ．①X321.2

中国版本图书馆 CIP 数据核字（2021）第 188631 号

跨区域绿色治理府际合作中国家权力纵向嵌入机制研究

作　　者	张　雪
责任编辑	李晓红
责任校对	朱微
出版发行	经济日报出版社
地　　址	北京市西城区白纸坊东街 2 号 A 座综合楼 710（邮政编码：100054）
电　　话	010 - 63567684（总编室）
	010 - 63584556（财经编辑部）
	010 - 63567687（企业与企业家史编辑部）
	010 - 63567683（经济与管理学术编辑部）
	010 - 63538621　63567692（发行部）
网　　址	www. edpbook. com. cn
E － mail	edpbook@ 126. com
经　　销	全国新华书店
印　　刷	北京建宏印刷有限公司
开　　本	710 mm × 1000 mm　1/16
印　　张	12.75
字　　数	207 千字
版　　次	2021 年 10 月第 1 版
印　　次	2021 年 10 月第 1 次印刷
书　　号	ISBN 978 - 7 - 5196 - 0943 - 6
定　　价	49.00 元